U0461065

中国高校艺术专业技能与实践系列教材

版面设计

BANMIAN SHEJI

李玉洁　徐　峰◆主　编
彭嘉骐　欧瑞召◆副主编

人民美术出版社
北京

中国高校艺术专业技能与实践系列教材编辑委员会

学术顾问：应放天

主　　任：桂元龙　教富斌

委　　员：（按姓氏笔画为序）

仓　平　孔　成　孔　伟　邓劲莲　帅　斌　叶永平

刘　珽　刘诗锋　张　刚　张　剑　张丹丹　张永宾

张朝生　陈汉才　金红梅　胡　姣　韩　焱　廖荣盛

图书在版编目（CIP）数据

版面设计 / 李玉洁，徐峰主编 -- 北京：人民美术出版社，2024. 12. -- （中国高校艺术专业技能与实践系列教材）. -- ISBN 978-7-102-09465-6

Ⅰ．TS881

中国国家版本馆CIP数据核字第2024B65P83号

中国高校艺术专业技能与实践系列教材
ZHONGGUO GAOXIAO YISHU ZHUANYE JINENG YU SHIJIAN XILIE JIAOCAI

版面设计
BANMIAN SHEJI

编辑出版　人民美术出版社

（北京市朝阳区东三环南路甲3号　邮编：100022）

http://www.renmei.com.cn

发行部：（010）67517611

网购部：（010）67517604

主　　编　李玉洁　徐　峰

副 主 编　彭嘉骐　欧瑞召

责任编辑　胡晓航

装帧设计　茹玉霞

责任校对　李　杨　王梽戎

责任印制　胡雨竹

制　　版　北京字间科技有限公司

印　　刷　天津裕同印刷有限公司

经　　销　全国新华书店

开　本：889mm×1194mm　1/16

印　张：6.5

字　数：80千

版　次：2024年12月　第1版

印　次：2024年12月　第1次印刷

ISBN 978-7-102-09465-6

定　价：58.00元

如有印装质量问题影响阅读，请与我社联系调换。（010）67517850

版权所有　翻印必究

序 言
FOREWORD

常记得著名美学家朱光潜先生的座右铭："此身、此时、此地。"朱老先生对这句话的解读，朴素且实在：凡是此身应该做且能够做的事情，绝不推诿给别人；凡是此刻做且能做的事情，便不推延到将来；凡是此地应该做且能够做的事，不要等未来某一个更好的环境再去做。在当代高职教育人的身上，我亦深深感受到了这样的勤勉与担当。作为与中华人民共和国一同成长起来的新时代职教人，于教材创新这件事，他们觉得能做、应该做、应该现在做。

情怀和梦想之所以充满诗意，往往因为它们总是时代的一个个注脚，不经意就照亮了人间前程。中华人民共和国的高职教育，历经改革开放40多年的发展，在新时代的伊始，亦明晰了属于自己的诗和远方。"双高"计划的出台，其意义不仅仅是点明了现代高职教育高质量发展的道路，更是几代人"大国工匠"的梦想一点点地照进现实的写照。

时光迈入新世纪第二个十年，《国家职业教育改革实施方案》《关于实施中国特色高水平高职学校和专业建设计划的意见》等政策文件的发布，吹响了中国现代职业教育再攀高峰的号角。教材是教学之本，教育活动中，各专业领域的知识与技术成果最终都将反映在教材上，并以此作为媒介向学生传播。由此观之，作为国家"三教改革"重点领域之一的教材，其重要性不言而喻。依据什么原则筛选放入教材内容、应该把什么样的内容放入教材、在教材中如何组织内容，这是现代高等职业教育教材编制的经典三问。而"中国高校艺术专业技能与实践系列教材"则用"项目化""模块化""立体化"三个词，完美回答了这一系列灵魂拷问。在高质量发展成为当代高等职业教育生命线的当下，"引领改革、支撑发展、中国标准、世界一流"成为高职教育者的新追求。桂元龙教授作为该系列教材编辑委员会的主任，带领编写团队秉持这一理念和追求，率先编写和使用这样一套高水平教材，作为他们对现代高等职业教育的思考和实践，无疑是走在了中国特色高等艺术设计职业教育的最前沿。"中国高校艺术专业技能与实践系列教材"诞生在这样的背景下，于我看来，这是对我们近40年中国特色高等职业教育最好的献礼。

这种思考和实践，无论此身、此时、此地，于这个时代而言，都恰到好处！

是为序。

中国工业设计协会秘书长

浙江大学教授、博士生导师

应放天

2022年7月20日于生态设计小镇

前 言
PREFACE

　　版面设计作为平面设计的重要组成部分，不仅在信息传播中起着关键的支撑作用，同时也是美学表现的核心。它是设计师表达审美观念和思想观点的有力工具。一个优秀的版面设计作品，往往反映出设计师的审美品位、艺术修养以及富有创意的思维能力。

　　本书在编写过程中，注重理论与实践的有机结合，同时兼顾专业要求和市场需求。我们将对版面设计的深入理解与设计创造性思维的拓展、审美素养的提升相融合。通过多年的教学实践，编者将积累的教学经验进行了系统总结，并将其模块化，呈现给读者。

　　希望本教材能够帮助读者加深对版面设计的理解，并在实践中有所收获。同时，也诚挚地希望读者能够提出宝贵意见，以助我们进一步完善和改进本书。

编者

2024年7月

课程计划
CURRICULAR PLAN

章 名	章节内容		课时分配	
课程导入				
第一章 版面设计概述	第一节　版面设计的定义与应用范围	4		10
	第二节　版面设计的起源与发展	4		
	第三节　版面设计的风格趋势	2		
第二章 版面设计的类型与原则	第一节　版面设计的类型	4		8
	第二节　版面设计的原则	4		
第三章 版面设计的构成	第一节　版面设计的视觉要素	4		8
	第二节　版面设计的视觉流程	4		
第四章 版式编排与形式技巧	第一节　版式编排的构成	4		8
	第二节　版式编排的形式技巧	4		
第五章　实训	第一节　实训一	6		18
	第二节　实训二			
	第三节　实训三	6		
	第四节　实训四			
	第五节　实训五	6		
	第六节　实训六			

内容提要
SUMMARY

本课程内容共分为五个章节，涵盖两个主要部分。前四个章节侧重于专业知识的讲解与实操，第五个章节则专注于版面设计课程的题库设计。

前四章依次介绍了版面设计概述、版面设计的类型与原则、版面设计的构成，以及版式编排与形式技巧。通过这四个章节，学生将从基础到深入地逐步学习版面设计的专业知识，逐步培养进行版面设计的意识与能力。

最后一章为实训部分，学生将通过前期课程中所学的理论知识与实践经验，参与专业赛事，并将其融入课程设计中，进行更加深入和专业的练习。此部分将着重于不同版面设计类型的实际设计与制作，旨在提升学生的专业适应能力和应对不同项目的能力。

目 录
CONTENTS

第一章　版面设计概述

第一章　版面设计概述

 第一节　版面设计的定义与应用范围

任务描述

熟悉版面设计的定义及应用范围。

任务目标

素质：激发学生的学习热情，明白课程的意义；理解作为设计师的社会责任与服务意识。

目标：通过案例讲解与赏析，学生了解什么是版面设计，加深对版面设计的认识。

能力：能根据项目内容了解设计范围，同时增强学生提升设计文化内涵的意识，使学生具备一定的创意能力、敏锐的洞察力与想象力。

一、版面设计的定义

（一）版面与版式

版面一词来自英文"format"，指书籍、报纸、海报等的整个页面。

版式主要是指在书籍、报纸、海报、网页、手机移动端等版面中呈现的风格和样式。

（二）版面设计

版面设计，即把有限的视觉元素，如图片、图形、文字、色彩，按照一定的美学规律，有组织、有目的地在版面页进行高效的视觉组合编排，传达信息的同时去影响受众，从而使受众产生视觉上的美感。版面设计又称为版式编排设计、编排设计。

版面设计既是现代艺术设计的重要组成部分，又是平面设计的核心，版面设计包括海报设计、广告设计、包装设计、网页设计、名片设计等。版面设计对优秀的创意效果的表达有着重要作用。

二、版面设计的应用范围

（一）书籍及杂志

1.书籍

书籍是人类文明发展过程中的重要标志。现今书籍的版面设计是从内容到形式的整体系统设计的过程。书籍设计包含封面、封底、书脊、环衬、扉页、目录、章节页、正文、页眉页脚等几个部分。

2.杂志

由于杂志出版周期短、传播信息快的特点，因此其设计编排显得尤为重要，直接关系到内容呈现效果与读者体验。杂志的封面、封底、目录、内文编排、图片形式及色彩的选择都是非常重要的，影响着杂志的行业特性、识别性和象征性。例如，封面作为大众接触杂志的第一视觉印象，与杂志整体形象联系紧密。从封面的信息就可以了解杂志的大致内容、风格属性及品位。杂志封面设计的主要内容包含文字、色彩、图片三大要素。

图1-1所示为1916年《VOGUE》英国版杂志封面，这是1916年9月的杂志封面，也是第一期出

版的杂志，由Helen Thurlow设计插图。

图1-2是《VOGUE》英国版杂志为庆祝60周年生日，在1976年10月刊的红色封面。《VOGUE》创意总监Robin Derrick曾说这是有史以来杂志上最时尚的一次封面。

图1-3是2018年11月5日发行的《TIME》杂志封面，主题是"美国枪支"（Guns in American）。为了探讨美国严重的枪支问题，在这次的封面中，共放进了245个来自美国受枪支影响最严重的3个城市的居民，采访他们对枪支的看法。这也是《时代》杂志创刊以来最难制作的一期封面。

（二）报纸

报纸所传播的内容多且复杂。由于报纸信息量大，使读者易产生疲惫感，因此版面设计上多采取分栏划分版块形式，使得版面条理清晰，易阅读。当代信息传播方式多样，而报纸作为传统的传播媒介，在现在小视频、动图等快节奏的方式与影响下

图1-1　1916年《VOGUE》
英国版杂志封面　　图1-2　1976年《VOGUE》
英国版杂志封面

图1-3　《TIME》杂志封面设计

较少被选中，因而报纸的设计也显得更为重要。如何去突破现有桎梏，创造更好的导视可读方式值得思考。设计时，要遵循版面设计的视觉原理和视觉流程。根据视觉原理，要将重要信息放在最佳视域。良好的视觉流程能使读者更快地获得最佳信息，设计应在视觉空间中形成一条无形的引导线，自然地引导读者的阅读顺序与方式。

（三）招贴广告

招贴也可以称为海报，是一种常见的广告形式。招贴设计注重主题的传达，因此需要将文字、图片、色彩进行合理又充满美感的组合，强化对比的同时形成有效的视觉流程，在传递信息的过程中供人欣赏以留下深刻印象。

图1-4所示为伦敦地铁海报设计，其中表现伦敦地铁的快捷和舒适是海报中相当重要的一个部分。早在1913年，当伦敦地铁还是新兴事物时，向大众宣传伦敦地铁的快捷和舒适成为海报设计的主要目的。Charles Sharland在1913年设计的海报"达到愉悦的最快捷之路"（The Swiftest way to pleasure），就已经通过溜冰图案与文字结合的插画风格同时表现出"快捷"和"舒适"这两个重要概念，用轻快的方式宣传乘坐地铁能够给人们的生活带来的便利。

图1-5所示为1987年创作的"或者坐地铁吧"（Or take the Tube）。艺术家用对比讽刺的手法，用黑色蜗牛比喻伦敦的出租车，以幽默的方式将出租车与地铁作比较，以此体现出地铁的速度。

（四）非出版物

非出版物是指用于推销材料和信息发布的文本资料，也称为宣传册或画册。宣传册的设计不同于书籍、报纸信息的传递，其目的是宣传企业形象、文化内涵、品牌优势与产品特色。宣传册通常拥有固定的消费群体，着重于产品的介绍与销售，而画册更多的是介绍企业文化、公司形象、公司发展历

程等。现今两者的界限相对模糊。为了吸引观者的注意通常会以图片为主，文字为辅。图片能够使观者更直观地接触到所需传达的信息，具有一定的实效性，多为短期效应。通常非出版物的页数不会过多，如图1-6至图1-8所示。

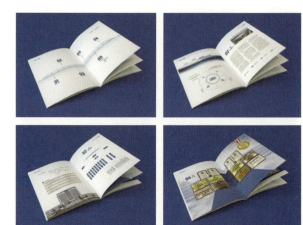

图1-7　当代画册设计2

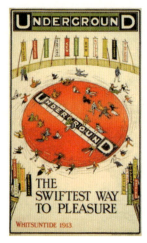

图1-4　1913年的伦敦地铁海报设计

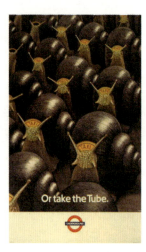

图1-5　1987年的伦敦地铁海报设计

图1-6　当代画册设计1

图1-8　教材类征订目录的版面设计

当代画册设计的版式相对简洁，更重要的是突出主题与产品，用图片进行展示，文字作为补充。形式一致、整体色彩明朗，不会过于喧宾夺主。

（五）包装

包装是对货物或商品进行说明或销售的一种有效手段，经过包装，商品能够通过醒目的方式吸引消费者的注意。包装主要包含商标、文字、图形、色彩、材料等，通过包装进行商品品牌与价值等信息的传播。包装常用的方式有袋装、瓶装、盒装等。虽然包装品的版面设计内容无法和杂志报纸的设计内容相比，但是在传达信息的作用上是同等重要的。因此，在设计过程中也需要注意整体、强调重点，分清主次，突出视觉效果（图1-9至图1-12）。

（六）网页

网页设计是随着互联网的发展而出现的新形式，它将动画、音频、图片整合为一体，显得更加生动。网页构成整个网站的基本形象，要展现个性、突出主题特色。当今网站信息繁多，若想在众多网页设计中脱颖而出，则需要严谨合理地安排文字、图片位置，以便浏览者准确、快速地找到所需信息（图1-13）。

（七）企业形象

企业形象是消费者认知企业的第一环节，企业形象对企业的品牌、理念、知名度都有关键作用。企业形象设计可以通过名片、信封、请柬等进行信息的传递。设计中需要把企业名称、标准字、标准

图1-9　农夫山泉婴儿水设计

图1-11　矿泉水品牌包装设计

此包装将绿色作为主色调，突出表现自然、绿色、安全，色彩舒适不过于夺目，从而打造一款亲民的山泉水品牌。

图1-10　咖啡包装设计

图1-12　年货礼盒包装设计

本设计根据锁定的方向从传统、年轻、轻奢3个视角进行设计创作，采用蒙德里安色块组合形式表达创意。结合产品的特性和趣味祝福文案，提炼极具张力的年味元素与品牌特色的画面元素，使产品形象更生动，有效突破市场同质化，吸引用户注意力。

色、联系方式等通过编排有效地表现出来，有利于观者的记忆（图1-14、图1-15）。

名片设计是指设计名片的行为。名片是对企业及个人展示的一种方式，编排设计要根据需要来进行，现今名片已不再只起传播宣传的效果，同时还具有艺术审美性。

本设计通过梳理品牌核心价值观和品牌特征将沉稳的蓝色作为主体色来承载品牌形象，通过醒目的色彩来快速传递品牌信息，增强企业品牌辨识度，其字体也将品牌文化与氛围进行传达，强化品牌整体感，整体设计上通过合理搭配与比例使得品牌形象能够更加直观地被观者所感知。

图1-13　网页设计案例

图1-14　品牌设计

图1-15　品牌策划设计

第二节　版面设计的起源与发展

任务描述

熟悉版面设计的起源与发展趋势。

任务目标

素质：学生具备独立思考和判断能力；提升文化内涵与职业素养；培养团队精神。

目标：通过案例讲解与赏析，学生了解版面设计的起源与发展，了解版面设计的发展过程以及中西方版面设计的区别。

能力：在设计方案讲解中能熟练运用不同时期的设计形式，增强设计的合理性与形式设计美感。

一、版面设计的起源

版面设计的历史是现代艺术与现代设计理论交融而产生的变化过程，在其发展过程中文字起到最为关键的作用。

最早期文字的记录编排形式形成了最初的版面设计，而文字经过数千年的发展又带动了版面设计形式的发展。版面设计随着社会的变革以及文化艺术的发展而愈加丰富多彩。

最早期的文字主要分为3种：中国象形文字（图1-16）、埃及象形文字与苏美尔人的楔形文字。文字的书写与排版形式所带来的版面节奏变化成为最早的版面设计。

二、中国古代版面设计

在中国古代，版面设计的发展与造纸术和印刷技术的出现紧密相连。从东汉时期造纸术的出现开始，这一技术的不断改进推动了版面设计的进步。随着印刷术的出现和逐步完善，书籍、包装等印刷品的印刷质量和效率得到了显著提高。尤其是活字印刷术的发明，极大地推动了版面设计的发展，使得印刷品更加精美、丰富。

（一）文字

文字被刻在早期出土的各类陶器上。甲骨文与青铜文是最具代表性的文字，既具有象形的成分，又有会意、仿音等造字要素在其中，其文字形式也构成了中国文字样式的基础。中国古代的文字从殷商时代的甲骨文到清代的汉字都是采用从右上到左下的排列方式。早期的排版只有文字而没有图形设计，且形式极为简单。

（二）常见的装帧方法

中国古代书籍常见的装帧形式有旋风装、卷轴装、经折装、蝴蝶装、包背装、线装等（图1-17）。

（三）古代版面设计的特点

古代书籍大部分采用线装书形式。从明代起，中国古代文人就喜欢在天头地脚的位置书写批注，

图1-16　中国象形文字

旋风装

卷轴装

经折装

包背装

蝴蝶装

图1-17　古代书籍的装帧形式

线装书大多具有版心小，天头、地脚大的特点，这也成为中国古典书籍版面设计的特点。与此同时，古代书籍的版式中会放置大量插画，而这在明清之后更为显著（图1-18至图1-20）。

版心是页面中主要内容所在的区域。天头是指书页上端的空白。

三、西方版面设计

在西方早期，版面设计与报纸的设计形式非常相似。然而，到了18世纪，随着大尺寸纸张的使用，版面内容得以扩大，从而改变了原有的图书版式标准格式。虽然印刷和平面设计在这期间并没有发生大的变化，但版面设计的发展已经初现端倪。到了20世纪60年代，版面设计迎来了飞速发展。此时，"留白"这种形式开始出现，版面设计主要以色彩和图片为主，文字则作为辅助元素来传达信息。这一转变成为西方版面设计发展史上的一个重要转折点。

（一）古典时期

西方历史上最早有记载的版面设计出现在公元前3000年的古巴比伦。美索不达米亚地区的苏美尔人最早创造了原始版面的排版形式。

1. 楔形文字

苏美尔人的楔形文字是在早期农业经济中出现

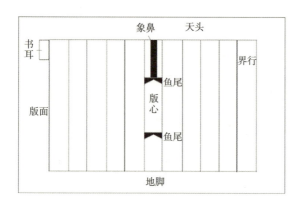
图1-18　古代书籍版面设计形式

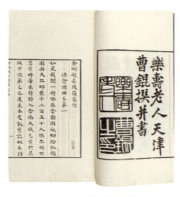
图1-19　古代蝴蝶装书籍设计

图1-20　清《耕织图》

的。苏美尔人将湿泥做成块状泥板，用木片在泥板上刻画。这种形式按照规整的格子进行书写，具有编排形式感而成为西方最早的版式编排形式。楔形文字从左向右书写，书写文字时左边细、右边粗。从图1-21中能看出在当时已出现了最早的版式分割。

2.埃及象形文字

古埃及是北非文化的发源地，其象形文字具有图形感。在公元前3100年，埃及建立第一王朝。到公元前3000年时，古埃及人开始使用莎草纸进行书写，其书写形式称为埃及文书（图1-22）。

纸草书上常用精美的插图与文字相配合，同时使用横向与纵向两种方式进行排版书写，装饰感极强。有人称这一现象是现代平面设计发展的最早依据，其特点是利用版面已有的区域进行综合布局，象形文字与插图配合，使图文呼应有序，精美绝伦（图1-23）。

3.现代拉丁文字

现代拉丁文字的出现是古罗马人对早期希腊文字的改良。文字排列为从左向右的横排。羊皮纸在古罗马属于稀少昂贵的物件，因此在羊皮纸上所进行的文字记录，字体相对较小，文字对称排列，极为规整（图1-24）。

（二）古登堡时期

15世纪，由于经济与文化的发展，传统的手抄式书籍已满足不了社会需求，德国人约翰·古登堡发明了铅活字印刷术。这个时期版面设计将文字进行两排编排而实现了创新，同时对文字与插图位置进行了重新布置，将其分别安排在不同页面，使阅读感受更加舒适（图1-25）。

图1-23 埃及壁画上的象形文字

图1-21 早期的楔形文字

图1-24 古罗马版式

图1-22 埃及文书样式

图1-25 古登堡设计的印刷版《圣经》

（三）文艺复兴到浪漫主义风格时期

1.文艺复兴时期

16世纪，意大利文艺复兴运动也促使平面设计进一步发展，版面设计逐步取代了旧式木刻制作与木版印刷，金属活字印刷术出现，插图由原有的木刻方式更新为金属腐蚀版，使文字与插图的组合形式更加灵活，这种使用金属活字印刷术与插图的组合搭配方式也成了现代意义上的排版。

文艺复兴时期的版面设计大量采用罗马体，采用横纵版式，布局工整，版式编排主张对称在版面中多采用卷草图案、花卉图案，且在首字母处使用卷草装饰，在版心文字外使用花草图案来进行装饰，极具艺术感（图1-26）。

2.浪漫主义时期

从16世纪中期到18世纪，这个时期版面设计的风格可以归纳为浪漫主义风格。其版面设计形式重视色彩与情感，强调变化、动感。严谨对称布局的同时搭配丰富的色彩，以及自然界中常见的曲线形式，且通过繁复精致的装饰图案来进行堆砌，如

图1-27所示。

（四）工业革命时期

18世纪下半叶到19世纪上半叶为西方第一次工业革命时期，生产力发展促进需求增加，推动了印刷业的繁荣。英国的字体设计此时再一次革新，字体形式层出不穷。字体不再只具备功能性，其装饰性增强，使得版面形式更加丰富。另外，在19世纪上半叶无衬线字体出现，对当时盛行的古典主义版面风格产生了一些冲击。这种变化对后续现代主义版面风格的发展产生了一些影响。

1929年德威金与美国铸字公司"墨根索拉"（Mergenthaler Linotype Company）合作开发无衬线字体，现代主义字体形式席卷而来，这款字体被命名为"地铁体"（metro）（图1-28）。

（五）工艺美术运动时期

19世纪下半叶，英国工艺美术运动标志着现代设计时代的到来。运动反对工业化生产，主张恢复中世纪手工生产的方式，强调通过复兴中世纪的手工艺的传统，从自然形态中吸取精华，推

图1-26 文艺复兴时期内页设计

图1-27 浪漫主义风格内页设计

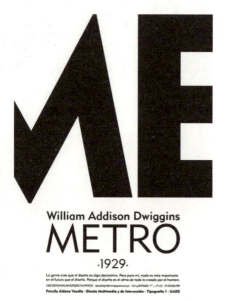

图1-28 字体设计 威廉·艾迪逊·德威金

崇自然主义、东方装饰与东方艺术特点，在装饰上反对矫揉造作的维多利亚风格与其他古典风格以及传统的复兴风格。以威廉·莫里斯、约翰·拉斯金为代表的艺术家开始了积极的探索与实践（图1-29至图1-31）。

（六）新艺术运动时期

19世纪末的新艺术运动是一次影响深远的艺术运动，新艺术运动提倡放弃传统装饰风格，开创新的装饰风格，倡导自然风格。同时强调自然中不存在直线，以表现动感的曲线与有机形态为主。其版面设计形式强调简洁明了的版面设计，图片人物

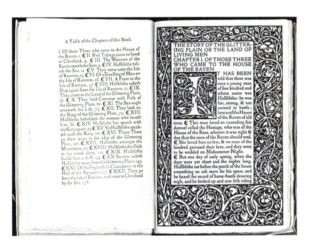

图1-29　1891年《呼啸平原的故事》目录页与首页
威廉·莫里斯设计

图1-30　1874年《贺瑞斯诗集》草稿，装饰部分未完成　威廉·莫里斯设计

图1-31　1895年《奥贝武夫的故事》内页　威廉·莫里斯设计

占据主要位置与大部分版面，周边使用连续性的植物纹样进行装饰，且字体所占比例缩小（图1-32、图1-33）。

（七）现代艺术运动时期

第二次世界大战前后的现代艺术运动是20世纪影响最为深远的运动之一。这个时期的艺术流派多种多样，其中立体主义的形式、未来主义的思想观念、达达主义的版面编排以及超现实主义对插画和版面的编排都产生了深远影响。在这些流派的影响下，版面设计开始追求个性与自我表达，反对传统严谨的版面编排形式。艺术家通过随意组合文字、图片来表达自我，展现出一种无规律且自由的风格。这种风格在毕加索、比利时艺术家雷内·玛格丽特等人的作品中得到了充分体现（图1-34、图1-35）。

图1-32　《四季》　阿尔丰斯·穆夏

图1-33　海报作品　朱利斯·谢列特

图1-34 毕加索的立体主义《格尔尼卡》

图1-35 超现实作品《戴黑帽的男人》
比利时 雷内·玛格丽特

（八）装饰艺术运动时期

20世纪20—30年代出现的装饰艺术运动反对的是古典主义。这个时期相比新艺术运动时期的版面设计，更注重色彩的表达，原有新艺术运动中出现的含蓄温柔的暖色系被原色及金属色系取代，版面中大量采用曲折线条及有棱角的面，视觉效果突出（图1-36）。

四、当代版面设计

（一）现代主义运动时期

20世纪初至20世纪30年代是现代主义运动活跃的时期，其影响范围极为广泛，涉及了多个设计领域。从建筑设计到规划设计，再到平面设计、家具设计和服装设计，现代主义风格都留下了烙印（图1-37至图1-40）。

20世纪20年代，在德国、俄国和荷兰等国家兴起的现代主义设计浪潮提出了新字体设计的口号，其主张是：字体由功能需求来决定其形式，字体设计的目的是传播，而传播必须以最简洁、最精练、最有渗透力的形式进行。

1.荷兰风格派

荷兰风格派追求艺术的抽象与简化，反对一切

图1-36 1927年为法国铁路
设计的海报 卡桑德拉

图1-37 构成主义版面设计

图1-38 构成主义风格平面设计 亚历山大·罗德琴科

图1-39 构成主义大师
埃尔·李西斯基参与设计的
《迈兹》杂志

图1-40 风格主义的版面设计

表现成分。风格派版面设计的最大特点是将单体几何结构通过一定的形式规则地进行结构组合，而其结构的独立性依旧保持完整，运用横纵直线寻求版面的平衡性，通过数理计算使版面趋于逻辑性、秩序性，如图1-41所示。

2.包豪斯设计学院

包豪斯设计学院的设计师强调编辑、排版理性化，强调社会需要和技术的发展，他们将数学和几何学应用于平面分割，运用了几何图形和文字设计的招贴让人感受到一种全新的视觉设计表现语言。对抽象图形，特别是硬边几何图形在平面设计中的应用进行了全面的研究和探讨。包豪斯设计风格脱离了绝对对称的排版方式，采取相对对称方式，

强调强烈的对比，运用块面粗线条，注重个性化，风格多变。同时强调功能性，进一步强调内容和形式的有效组合（图1-42）。

（二）国际主义运动时期

20世纪50年代，国际主义运动在美国兴起，进而影响欧洲国家。它从建筑设计领域逐渐渗透到平面设计和产品设计中，成为第二次世界大战后影响范围最广、时间最长的平面设计运动，其版面设计追求简洁明确的信息传递，强调"少则多"原则。设计广泛使用无衬线字体，使用简单的网格结构与标准化的版面格式将版式进行统一（图1-43、图1-44）。

埃米尔·鲁德（Emil Ruder）是瑞士著名平面

图1-41 "德国包豪斯学院
设计作品展"招贴广告

图1-42 西奥·凡·杜斯伯格设计的《风格》杂志封面

图1-43　海报设计
西奥·巴尔莫

图1-44　美国建筑设计展
览海报　马克斯·比尔

设计大师，其国际主义风格的作品对后世影响颇深，其所撰写的书籍《文字设计》对后世学习文字设计具有重要影响，是视觉传达设计专业学习的必备教科书。其设计表现清晰简洁，注重负空间的表现，多采用方格网络作框架，使形式与功能达到和谐（图1-45）。

（三）后现代主义时期

20世纪70年代后现代主义出现，在平面设计上出现新的发展，其版面设计又称为"新浪潮"版面设计。设计一改之前国际主义时期平面设计的标准化与机械化形式，强调感性与装饰性，主张设计师和艺术家的自我表达与艺术的可能性，并通过多样化的手法对设计元素进行重组，创造出强烈的视觉效果（图1-46、图1-47）。代表人物有提西、奥斯玛特、盖斯布勒等。

五、创新探讨

选择你所喜欢的时期，绘制能够代表那个时期的版面设计作品。尺寸及材料不限。

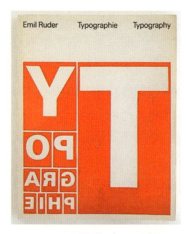

图1-45　《文字设计：一部设计指南》
书籍封面设计　埃米尔·鲁德

图1-46　孟菲斯风格海报设计　威廉·朗豪塞

图1-47　平面设计
西摩·切瓦斯特

第三节　版面设计的风格趋势

任务描述

熟悉版面设计的风格趋势。

任务目标

素质：熟悉现有不同风格趋势，提升学生的眼界及专业自信。

目标：通过理论讲授与多媒体教学，学生了解版面设计的风格趋势。

能力：通过课堂实训及案例分析，提高学生的审美能力与鉴赏能力。

一、风格趋势概述

（一）个性化

个性化的版式能够突出版面特色，起到吸引读者兴趣的作用。版面设计中常常需要打破原有设计的固有思维而创造独一无二且具有个性的样式效果，其独特的画面结构能够给观者带来深刻印象。

如图1-48所示，田中一光的作品将日本传统文化与西方抽象艺术形式进行结合，带来独特的设计美学。

（二）商业化

随着市场经济的发展，各商家也意识到版面设计对产品的销售宣传起到一定的作用，因此更愿意选择良好的设计来传递信息。商业化的版式通常是以促销产品为目的来进行的，因此以商业促销为目的的版面设计需要做到强化产品，激发消费者的购买欲并强化品牌意识。

（三）时尚化

时尚化的特点通常被运用在各类报纸、杂志上，如时尚生活、服饰美容等杂志中。这类杂志的文字相对简洁，同时配有大量生动、精美的图片，带来活泼而具有冲击力的视觉效果。

（四）人文化

在现代繁忙的生活中，人们深切地渴望寻找内心的宁静和回归纯真人性的感受。为了满足这一渴望，版面设计通过独特而富有创意的手法，如手绘的细腻表达、照片的拍摄与精心选择，来传达深层的情感和内涵。这种设计方式不仅富有趣味和独特性，还能够深深地触动人们的心灵，具有较强的艺术感染力（图1-49）。

（五）功能化

随着社会文明的发展，人们对奢华复杂事物的追求逐渐降低，而更倾向于实用和功能性强的产品或设计。这种转变也体现在设计理念上，环保和可持续性成为越来越重要的考虑因素。在版面设计中，这种趋势同样明显。现代版面设计更注重功能性和信息传递效率，减少了不必要的装饰元素，使整体设计更为简洁和清晰。常见的版面设计方式如模块排版和横题到底的版式，它们通过划分文章区域，使图片和文字规整分区，呈现出逻辑清晰、视觉流程简洁的特点，导向明确，方便读者浏览和理解，如图1-50所示。

二、拓展资源

环境艺术设计专业的展板设计与平面设计专业展板有什么区别？

展板是用于传达信息的媒介。平面设计专业的展板设计通常是基于感性美的基础上传达信息的，因此设计构图更多的是来自美学角度下的思考；而

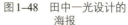

图1-48　田中一光设计的
海报

图1-49　《Peace》西摩·
切瓦斯特

图1-50　平面设计　赫伯特·拜耶

环境艺术设计专业的展板设计通常是理性思考严谨逻辑下信息的传递，因此更多的是基于问题思考下的流程性排版。

环境艺术设计专业的展板设计往往以解决具体问题为核心。在整个设计过程中，排版是围绕这些问题进行的有目的的构图。从场地的初步定位到发现其中存在的问题，再到深入思考和设计构思，每个步骤都是为了明确设计的主题并解决问题的。展板设计的最终目的是以视觉效果的形式，清晰、有条理地展示整个设计的过程和成果。

因此，在学习版面设计的过程中，环境艺术设计专业的学生不仅要注重展板的形式美感和视觉效果，还要确保展板内容的逻辑性和合理性（图1-51、图1-52）。

图1-51　《回归——特殊教育学校方案设计改造》 学生作品　李筱曦、刘峥嵘

图1-52 《孩子·田野——邵东县田里完小学与田野景观设计改造》 学生作品 石文佳、周皓远

三、课后作业

通过对版面设计不同发展阶段的认识，对资料与图例进行整理，选择版面设计发展过程中优秀的案例进行PPT演示汇报，向同学们展示你所喜欢的版面设计作品、代表人物及其相关故事。

第二章　版面设计的类型与原则

第一节　版面设计的类型

第二节　版面设计的原则

第二章　版面设计的类型与原则

➤ 第一节　版面设计的类型

任务描述

了解版面设计的工作流程与版面设计的不同类型并完成相关作业。

任务目标

素质：通过训练培养吃苦耐劳的职业精神以提升职业素养，培养团队精神。

目标：通过案例讲解与赏析，学生从不同角度了解版面设计的基本类型。

能力：具备不同类型项目理解与分析的能力；能完成不同类型版面的设计。

一、版面设计的基本类型

（一）满版型版面设计

满版型版面设计的特点是"满"，其元素如图像、文字等通常占据整个版面，以出血的形式展现，不会有边框的限制，因此满版型也称为出血型。满版设计的主要特点是最大限度利用空间使得画面中的图形充斥整个版面，极少留白，视觉效果直接而具有强烈表现力。

图2-1所示为封面设计，设计采用满版的构图形式，画面活跃，整张图纸视觉流程清晰。通过图像与色彩的跳跃和动感，充满张力，具有良好的视觉冲击力。

图2-2是电影海报设计作品，作品表现的是一部美国儿童冒险动画，通过采用鲜明的配色来展现活泼与动感的故事画面，从而引起观者的好奇心。通过满版的构图使海报跳跃而具有吸引力。

保罗·兰德作为享誉世界的平面设计大师、教育家、思想家，其设计针对不同的人群，独特且有趣。图2-3所示的封面设计具有平面美感，简约而具有童趣，吸引着小朋友去阅读。

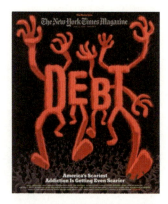

图2-1　《纽约时报杂志》封面设计　阿瑞姆·杜普莱希，克里斯托夫·尼曼

图2-2　电影《飞屋环游记》海报设计（局部）

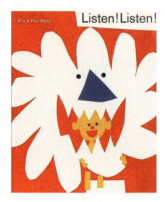

图2-3　杂志封面设计　保罗·兰德

（二）分割型版面设计

分割型版面设计是指将版面进行上下左右的分割，从而进行图文等的编排。这种版面设计的特点是版式更加趋于稳定与理性的状态，各元素的组合摆放有序而规整，具有秩序感与理性美，阅读流程清晰的同时更具识别性。

分割型版式主要分为竖向分割与横向分割两种形式，其中竖向分割常见于骨骼式版式。骨骼式版面设计是一种规范的分割排版样式。常见的骨骼形式的排版分为竖向通栏、双栏、三栏和四栏等。在图片和文字的版式上，骨骼式版面设计会根据比例进行严格排列，不仅保证了版面的秩序感，还展现出独特的形式美（图2-4至图2-7）。

图2-4所示的分割型版面设计中图片与文字进行穿插组合，文字与图片通过一定比例进行分割排列，能够有效减少版面设计上的呆板与僵硬，使版面在传递信息的同时显得更加生动形象。

图2-5所示为《TWEN》杂志内页设计样式，是由Willy Fleckhous设计的。分割型版面中的两个

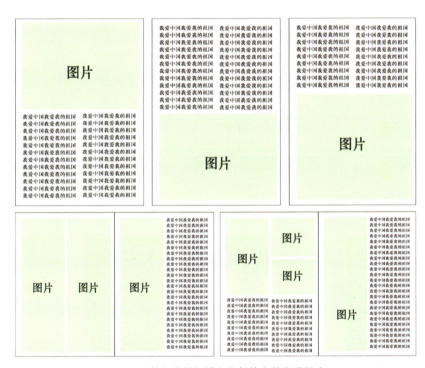

图2-4　竖向分割与横向分割的多种表现形式

图2-5　《TWEN》杂志内页　Willy Fleckhous

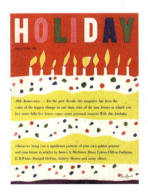

图2-6　杂志封面设计
保罗·兰德

部分会自然形成对比。文字被放大加粗占满整整一个对开版面，给人以一种非常强烈的视觉体验。

（三）倾斜型版面设计

倾斜型版面设计将主体元素进行倾斜编排，将原有稳定的构图形式打破而产生一种动感与不稳定的效果。这种方式会使人的视线沿着倾斜视角进行移动，不仅带来视觉变化，还会带来心理上与视觉上的不平衡感和刺激，给人以深刻印象。倾斜型版面设计常会用在娱乐杂志、儿童产品平面设计上（图2-8至图2-12）。

图2-10所示的倾斜式版式的编排方式能够带

图2-7　平面设计　埃尔·李西斯基

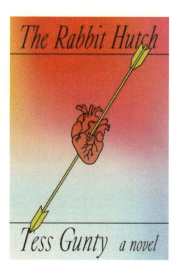

图2-8　《兔子窝》书籍封面设计
Linda Huang

图2-9　某学院历年画册设计

来强烈的视觉效果。整体版式在考虑可读性的同时，文字与图像各占据一定的版面，既活跃又具有美感，相较于水平与垂直的版式构成形式更显得有趣而抓人眼球。

作品采用倾斜式版面设计是为摆脱国际主义风格的严谨理性。版面利用斜构图带来活泼动感的视觉效果（图2-12）。

（四）三角型版面设计

三角型版面设计是指通过巧妙安排文字、图像等元素，使它们在版面上呈现出三角形构图。从形态学角度来看，三角形本身是一种具有稳定性和安全感的图形。在版面设计中，正三角形构图能给人一种心理上的安定感，而倒三角形则相反，能够营造出动感和活力。侧三角形则能带来一种均衡与和谐的感觉。另外，三角形的3个角尖锐而突出，能给人心理上的刺激，同时这种设计形式显得个性与新颖。因此，合理设计三角型版式，可以创造出意想不到且富有跳跃感的视觉效果。

如图2-13所示，通过排列组合形成倒三角型版式，不仅主次分明，还有效地引导观者的视觉流程。

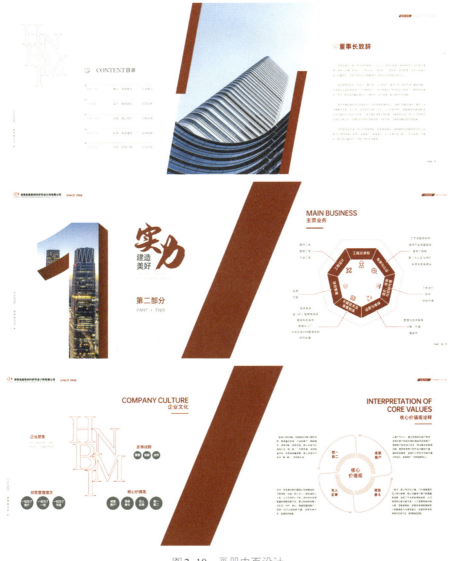

图2-10　画册内页设计

图2-11 平面设计 威利·孔茨

图2-12 海报设计 西格菲尔德·奥德玛特

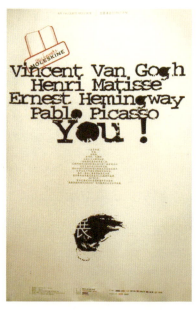

图2-13 《青年视觉》中国首展海报

（五）自由型版面设计

自由型版面设计是指将版面中各元素不受拘束地组合放置，从而创造出一种既轻松又有魅力的效果。自由型版式在平面设计中具有极强的表现力与艺术性。自由型版式看似随意但其结构依旧是严谨有条理的，需要考虑主次关系、视觉流程，确保出图效果和谐。自由型版面设计受到后现代主义美学思想的影响，打破了传统刻板的网格设计制约，更注重形式上的美，追求非理性的自由表现，展现设计艺术的多元性（图2-14、图2-15）。

威利·孔茨（Willi Kunz）放弃国际主义风格中的网格系统而采用自由的排版方式，其形式更加感性，注重设计为传达信息服务，因此其视觉流程也因信息的主次而进行设计联系，如图2-14所示。

（六）对称型版面设计

对称型版面设计会带给人一种严谨秩序的视觉感受。好的对称型版式并不会带来设计的无趣与呆板，设计师会极其考究地思考和放置图片与文字的位置来进行艺术性的表现。对称型一般分为相对对

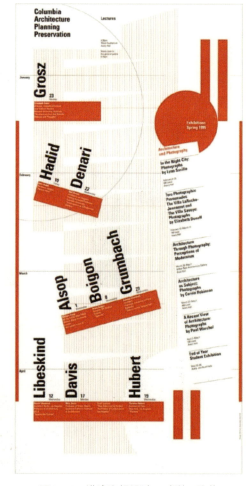

图2-14 讲演海报设计 威利·孔茨

称与绝对对称两种。相对对称是在实际生活中常用的形式，这种方式能够避免版式过于中庸与单调；而绝对对称一般使用在新闻刊物中，这种形式的版面会显得庄重而理性。

图2-16所示为著名自由设计师白木彰的设计。这张海报采用相对对称的形式，使用几何形态的构成手法与合理的色彩搭配组合，呈现趣味性的字体样式。

（七）重心型版面设计

重心型版面设计是指将主体元素放置在中心位置，或者通过增强主题元素与其他元素之间的对比，创造出视觉焦点，从而突出主体。这种方式能够快速确定视觉中心，使主体更为突出，层次分明，简洁明了，有效地点明了主题（图2-17）。

图2-15　招贴设计

图2-16　海报设计　白木彰

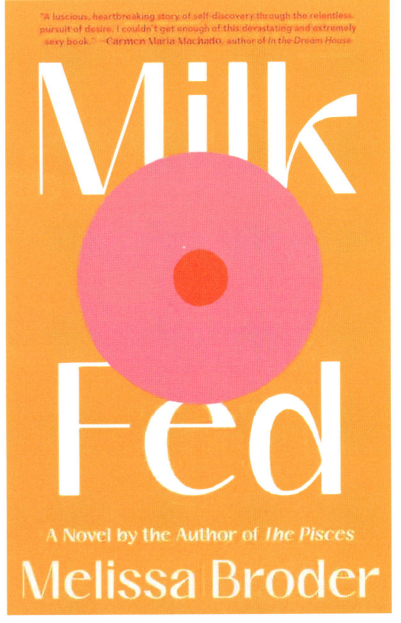

图2-17　《牛奶喂养》书籍封面设计　Jaya Miceli

二、版面设计的工作流程

版面设计的工作流程如图2-18所示。

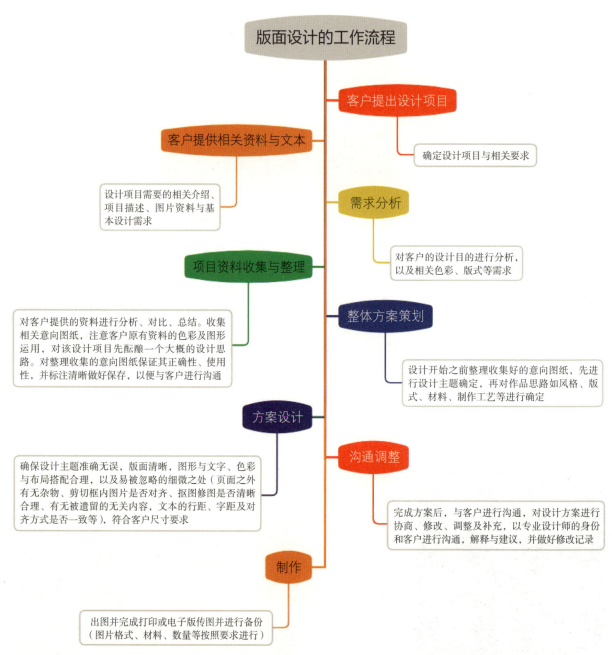

图2-18 版面设计的工作流程

第二节　版面设计的原则

任务描述

理解版面设计的原则。

了解设计师的社会责任。

任务目标

素质：提升创意思维能力与职业素养，增强社会责任感。

目标：通过案例讲解与赏析，熟悉版面设计的规范，掌握版面设计的原则，了解设计师的社会责任。

能力：在案例分析中提升审美能力，同时在实训练习中对形式美进行把控，并熟练将设计原则运用在设计中。

一、设计原则

（一）思想性与表现性

版面设计的目的是传播信息，而优秀的版面设计往往蕴含深刻的内容。在设计过程中，设计者需要研究并理解设计的目的，通过提炼和挖掘，将自己的思考注入其中，从而体现出设计的主题和思想内涵。同时，版面设计需要考虑主题思想和形式表现的融合与统一。通过设计的形式，将主题的思想性进行表现，版面设计在传播信息的同时，体现出艺术价值。

在图2-19中，产品被极度夸张地放大到整个版面，显得突出而醒目。

如图2-20所示，《ANXY》杂志的中心议题是探讨焦虑症的各种问题。这期主题聚焦"愤怒问题"，通过一位身上长满红色尖刺的人物形象来呈现，创意十足又让人深思，同时大面积明亮的粉色调起到一定的治愈效果。

如图2-21所示，设计大师福田繁雄的这件作品通过展示生活中常见的一系列工具来进行思想的表达，仔细观察会发现又有所不同，产品都是残次品，以此来表现环境对生活方方面面的影响。

（二）艺术性与装饰性

优秀的版面设计必然是具有艺术性的，版式的艺术性可以通过文字、图像、色彩之间的排列组合进行展现，在主题艺术化的展示中又包含信息的传递。

装饰是对版式审美认识的产物。版面的装饰形

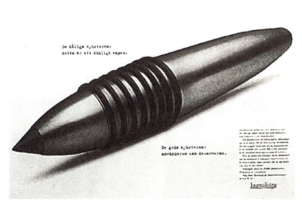

图2-19　产品宣传广告

图2-20　《ANXY》杂志封面设计

图2-21 《环境污染》 福田繁雄

式可以多种多样，装饰不仅美化版面，还通过装饰突出版面信息，使观者在艺术的美感中获得信息。

如图2-22所示，斑马身上的条纹成为此图版面中重要的装饰元素。

（三）趣味性与独创性

版面设计中的趣味性，主要来源于文字、图像和色彩之间的精彩组合，这种组合能产生更具吸引力的效果。趣味性的运用使得版面效果更加生动，更加吸引观者的注意力。在创造趣味性时，可以采用诙谐幽默或戏剧化的方式展现，以达到更好的视觉体验。

独创性是突出个性化特征的原则。鲜明的个性是版面构成的创意灵魂。独创性的设计要勇于突破界限，进行更多的分析与思考，挑战多种可能性。

图2-23所示为田中一光所拍摄的三宅一生时装作品海报。图中将人物的头部进行替换，让头的部分变成材料本身，以此来凸显产品本身的特点。

图2-24所示为福田繁雄的作品。这组作品是典型的异质同构风格的作品。这些海报一眼看过去是贝多芬的头像，但仔细一看会发现其不同。图中贝多芬的头发替换成鸟、音符、人物、马、植物等不相关的元素，通过这些元素丰富了同一主题海报的内涵，海报充满趣味性且更具想象力。

图2-25所示为丹麦《agi》杂志，杂志封面本身

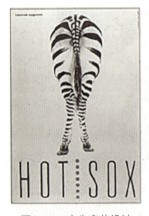

图2-22 广告宣传设计

图2-23 三宅一生时装作品海报 田中一光

图2-24 《贝多芬第九交响曲》海报系列 福田繁雄

就是一个小玩具，通过动手就能获得一个徽章。本期杂志主要介绍一个当地的手工设计工作室，从而将封面做成了一个可以进行手工游戏的体验界面。

（四）整体性与协调性

整体性与协调性是版面设计中不可或缺的两个要素。整体性强调的是版面设计的和谐统一，通过形式与内容的融合来达到这一目的；协调性则要求版面中的各个元素，如图片、文字、色彩等，在编排结构上能够有序、合理地组织起来，从而使整个版面获得良好的视觉效果。

如图 2-26 所示，福田繁雄的这张海报设计，通过渐变的手法来处理画面，枪支用反战标志进行替换，表达反战的态度与主题思想。

图 2-27 是埃米尔·鲁德（Emil Ruder）在 1958 年为马克斯·比尔的平面设计作品展设计的海报，设计形式简洁。为保证画面的整体效果与画面的平衡而将文字放置在右下角位置，使画面层次丰富，流程清晰。

二、创新探讨

设计中通常使用隐喻的方式来进行思想的传递，请学生思考一下环保主题要如何使用此方式进行表达。

三、拓展资源

乌尔姆设计学院

乌尔姆设计学院，德语名称为"Hochschule für Gestaltung Ulm"或简称"HfG"。乌尔姆设计学院位于乌尔姆市，是国际上享有极高声誉和影响力的学院之一，仅次于包豪斯学院。

乌尔姆设计学院成立于 1953 年，关闭于 1968 年，共办学 15 年。乌尔姆设计学院第一任校长是平面设计师马克斯·比尔（Max Bill），第二任校长为托马斯·马尔多纳多（Tomas Maldonado）。学院以理性主义、技术美学思想为核心，倡导系统设计原则，培养了一批设计师。乌尔姆设计学院是第二次世界大战后对德国工业设计具有重要影响的学院，学院在继承包豪斯设计精神后进一步发展功能主义美学思想，是第二次世界大战后"新功能主义"代表。

乌尔姆设计学院的设计思想被德国家电公司——布劳恩公司所实践，布劳恩公司聘请乌尔姆学院的教师弗雷泽·艾歇尔（Frit Fichler）作为董事会成员，与乌尔姆设计学院正式合作，后形成著名的"布劳恩原则"。在其设计理念的影响下，德国产品也以"理性可靠、高品质、功能化"而著称。

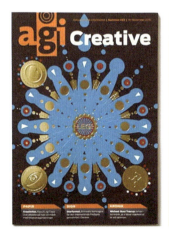

图 2-25　丹麦《agi》杂志

图 2-26　《反战海报》
福田繁雄

图 2-27　海报设计
埃米尔·鲁德

四、课后作业

（一）工作任务

任务一

设计师的责任与使命——博物馆与版面设计。

现今"文博游"火热，参观博物馆成为游玩选项中炙手可热的打卡项目。博物馆镇馆之宝令人惊叹，而海报设计不仅可以让我们对文物有更加直观的认识与了解，还可以加强观者的体验感，增加视觉上的冲击。通过海报设计立足本土，将文物蕴藏的文化与历史多维度呈现在大众的眼前，使得传统文化通过创新设计"活"起来。文物在我们的刻板印象中代表着过去与传统，而设计让文化遗产变得时髦而有趣，让人更愿意去读一读、品一品，多一些思考与传承。通过设计海报，我们讲述博物馆中的文物故事。

请选择博物馆中的一个文物或元素以"传古今之记忆，承中华之文明"作为主题进行宣传海报设计，并分析其视觉流程。

任务二

通过对版面设计基础概念的理解，我们对"以人为本"主题资料进行整理，收集一组作品进行展示并进行解说其编排原则与意义。

（二）任务分组

3个学生一组，进行任务细分与资料收集和整理，完成相应任务。

（三）任务实施

操作步骤及实施过程如表2-1所示。

表2-1　操作步骤及实施过程

操作步骤	操作程序	实施过程	备注
1.接到设计任务	检查设计信息是否齐全，了解设计目的	1.是否准确理解设计意图与要求； 2.对设计内容进行充分了解，确定设计内容	确定所给图纸是否完整
2.开始设计工作	研究项目	1.思考设计主题； 2.思考项目海报设计特色及设计常用的表现方式、色彩与元素； 3.收集相关设计意向图纸与素材	
	明确主题，寻找合适图片	1.根据收集的资料确定设计主题； 2.明确主题传达信息方向（包括色彩、背景图片、文字效果）	
	确定设计草图	1.思考传达信息的主次，确保海报设计层次清晰； 2.注意海报设计的编排与形式技巧的运用（注意排版与布局）； 3.注意主题元素使用（颜色、大小、位置等）； 4.整体色彩的选择	
	添加文字	1.确保文字清晰易读，信息快速传达又具有表现力与吸引力； 2.确保文字与其他元素协调； 3.文字的选择不超过3种，确保展示的整体性	
	草图作品检查与修改	1.设计中各元素是否有关联； 2.设计是否协调一致； 3.设计的节奏与韵律的把控是否准确； 4.设计中主次关系是否清晰	
	正式设计绘制	1.确定使用工具（多种软件的选择）； 2.进行整体设计与绘制	

续表

操作步骤	操作程序	实施过程	备注
3.设计审核	设计检查	1.设计是否达到要求； 2.文案是否缺失； 3.信息是否可以识别； 4.检查出图的像素、色彩模式等	注意： 1.点、线、面与版式的关系处理； 2.空间层次与版式的关系处理； 3.肌理关系的处理
4.设计沟通	确保设计符合要求	出图打印沟通	无修改意见即可完成设计出图
5.设计修改	对设计进行调整	根据意见需求进行设计调整与修改	
6.完成设计	设计出图	批量印刷与整理	

（四）评价反馈

评价反馈如表2-2所示。

表2-2　评价反馈表

姓名：		专业：	班级：		学号：
任务分析	1.设计目的				
	2.设计思路				
任务实施	1.草图绘制阶段				
	2.正式设计阶段				
	3.方案修改阶段				
	4.出图阶段				
任务完成	1.整体反馈				
	2.细节反馈		造型		
			色彩		
			排版		
			文字		
			细节		
			其他		

第三章　版面设计的构成

第一节　版面设计的视觉要素

第二节　版面设计的视觉流程

第三章　版面设计的构成

▶ 第一节　版面设计的视觉要素

任务描述

熟悉视觉要素中抽象要素与具体造型要素的异同，并进行案例设计。

任务目标

素质：提升设计文化内涵；培养设计师的社会责任感。

目标：通过本节知识的学习，学生能掌握视觉要素中的点线面基本原理、应用原则；了解文字、图形、图像的基本理论和概念，以及在版面中的不同用途。

能力：在案例分析与实训中提升创意思维能力，培养学生版面设计的细节处理能力。

一、视觉要素的分类

（一）抽象要素

1.点

点是版面设计中最简洁的元素。点的表现力是通过大小、颜色、位置等显现出来的。在版面中，点可以是一个字母、一个页码、一个标志等。此外，点还可以指用来吸引观者视线焦点的特殊强调的区域。

图3-1所示为日本设计大师原研哉的版面设计作品，采用的也是单独点的设计。在整个版面中，只有一个点，这个点往往会自动形成视觉中心，有种被放大的效果，同时吸引观者的注意力。

图3-1　版面设计　原研哉

如图3-2所示，使用鸟的形式作为点元素进行封面设计，通过由上至下、从疏到密的渐变，元素的数量增加，从而带来强烈的视觉冲击力，制造出一种紧张压迫的氛围。

沃夫根·魏纳特（Wolfgang Weingart）的设计常使用国际主义风格的排版原则，使用字体形式作为点元素，将字体形式强化加粗，通过粗细大小的变化制造强烈的视觉效果，如图3-3所示。

2.线

线具有长、宽、距离、方向、形状与不同的性格。线在版面设计中不仅是一种生动的表现形式，还能够起到串联各要素、装饰美化画面的作用。版面中的线分为直线、曲线和虚线3类。线在封面中对于分割要素、添加动态、连接引导都能起到一定的作用。与此同时，线还具有情绪的表达，如细直线给人冷静、严谨的感觉，曲线带来动感、柔美、神秘的感觉，垂直线给人带来开阔平静的感觉。

线的不同形式在海报设计中的运用，显示出线的张力、秩序感与方向性，如图3-4所示。

图3-2 书籍《Birds Flock Fish School》
封面设计

图3-3 新浪潮风格时期平面作品
沃夫根·魏纳特

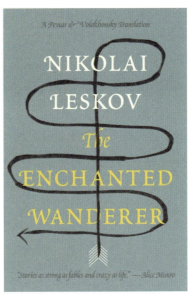

图3-4 书籍封面设计
Peter Mendelsund

如图3-5所示，本系列广告作品分别通过围巾、毛衣和手套等元素表达产品的温度。作品的版式朴素，将线的元素有机融入，注重留白，在情感上诚挚亲切，从而表达"好想你枣"的品牌诉求。

3.面

点与线的不同运用就构成了空间中的面，通过点和线的组合才能构成对主题的完整表达。面在版面设计中所占据的面积是最多的，其形态也是非常丰富的。面有各种形态：偶然形、几何形、有机形和不规则形。在视觉要素中，面对整体影响是最为强烈的。同样，面的表现也包含了各种色彩、肌理等方面的变化。

如图3-6所示，通过点面积的扩大，占据画面

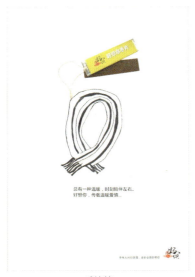

爱情篇

亲情篇

友情篇

图3-5 "好想你"枣系列广告 作者：陶莲 指导教师：彭嘉骐

90%的面积，从而成为具有吸引力的面。当有多个小的面积时，重复可以造成整齐有序的感觉，而在重复中又有颜色和大小的变化，就使画面产生了动感，打破了重复造成的呆板，其原理如同平面设计中的特异效果。

图3-7所示为电影《亚洲风暴》的海报，由Hans Hillman进行设计。海报截取电影中的部分画面细节进行放大并重复，打破原有的规整，从而带来视觉的震撼感。

（二）具象造型要素

1.文字元素

读图时代早已到来，文字还需要吗？

相较于图片通俗直接带来的冲击力，文字更能明确进行表达说明与阐述。另外，图形符号具有含义上的模糊性与不确定性，而文字根据语法逻辑性能更准确描述事物传达信息。因此，图形与文字是互为补充来为设计服务的。

文字在版面设计中不仅是信息传递的要素，还是版式中增强艺术效果的重要组成部分。文字可作为抽象的视觉符号，既能点明主题，又能强化画面效果，在版面设计中作为核心要素存在。

图3-6 以面为主的版面设计

（1）文字的形式

文字在版式编排与设计过程中主要有两种形式：一种是组合性文字；另一种是图形性文字。在组合性文字中，文字通常被看作构成元素中的点、线、面来进行重组与再设计，其中文字中的笔画、字符、词汇等都被视作设计的符号语言。图形性文字是将文字当作图形来进行设计，使文字成为图形造型元素被使用的，这种方式也使文字既是文字又能够成为图形存在，通过整合与设计，使其更具有视觉表现性（图3-8、图3-9）。

图3-7 电影《亚洲风暴》海报设计
Hans Hillman

图3-8 2008年北京奥运会会徽设计

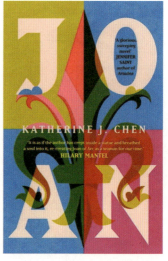

图3-9 《贞德》书籍封面设计
Holly Ovenden

（2）中文字体

中文字体，也就是汉字，是迄今为止使用时间最长的象形文字。传统汉字在历史演变过程中，经历了甲骨文、大篆、小篆、隶书、行书、草书等形式的变化。为了适应时代的发展，汉字逐渐形成了稳定的汉字系统（表3-1）。

（3）英文字体

英文字体主要是指拉丁字母，拉丁字母由a到z依次排列的26个字母组成，通过相互组合形成有意义的单词。拉丁字母源自图画，最早可追溯到古埃及象形文字。随着人们对书写流畅性的需求，直线形式逐渐演变成曲线形式，字母的笔画也逐渐缩减而形成小写字母。在当时，拉丁字母被认为是最实用的字体，对西方文字的发展具有重要的影响。

英文字体形式丰富而富于变化，对于版面设计形式的美化有较多的优势。其字体形式的发展也随着时代需要而更迭变化。从早期的衬线体（如哥特字体、文艺复兴字体、巴洛克字体等）到现代的无衬线体和现代自由体，英文字体的形式多变，不断出现新的字体样式。然而，字体形式的变化最终都是为了更好地服务于大众，满足信息传达的需要，使设计与使用更加灵活。

①哥特字体。13世纪的哥特艺术对文字的发展起到一定的影响。哥特字体（BlackLetter）又称为折裂字体。其字体是具有装饰性的字体样式，字体笔画末端尖细，字体宽，字形狭窄。哥特字体装饰性强，注重线条的使用，花纹变化也常使用植物纹样作为装饰，显示出一种华丽、复古、诡异、奢华的效果（图3-10、图3-11）。

②文艺复兴字体。文艺复兴字体也称为老罗马体，源于15世纪文艺复兴时期。其字体粗细无明显对比，字脚线和笔画线间的夹角形成圆弧形，显得柔软而极具美感。老罗马体形式庄重而优雅，具有装饰性而常用于古典书籍的设计与具有年代感的

图3-10　哥特字体样式

表3-1　汉字系统

字体类型	字体特征	字体形式	字体发展
隶书	隶书笔画圆润，起笔与落笔有顿挫。常用在传统古书封面字体的选择与传统包装设计中	独立寒秋，湘江北去，橘子洲头。看万山红遍，层林尽染；漫江碧透，百舸争流	楷体
楷体	楷体一般指楷书，最早由隶书发展而来，也称为正楷、正书。楷体字体端正，形体优美、气势流畅，笔画清晰易读	独立寒秋，湘江北去，橘子洲头。看万山红遍，层林尽染；漫江碧透，百舸争流	正楷、行楷
宋体	宋体是从传统字体过渡到印刷字体的过渡字体。宋体秀丽端庄，笔画上横细竖粗，清晰易读，常用于正文	独立寒秋，湘江北去，橘子洲头。看万山红遍，层林尽染；漫江碧透，百舸争流	细宋体、仿宋体、中宋体、粗宋体
黑体	黑体醒目，字体粗重，结构紧密。形式上给人感觉大方、严肃与理性	独立寒秋，湘江北去，橘子洲头。看万山红遍，层林尽染；漫江碧透，百舸争流	细黑、中黑、粗黑体、特粗黑体、综艺体
圆体	圆体由黑体演变而来，字形活泼轻松，字体笔画均等而没有粗细变化，常用于正文	独立寒秋，湘江北去，橘子洲头。看万山红遍，层林尽染；漫江碧透，百舸争流	幼圆体、琥珀体

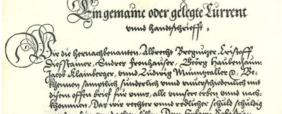

图3-11　德国老式的哥特风格平面排版

出几何形态，具有强烈的艺术感。此外，巴洛克字体的粗细反差明显，装饰性强，常使用回旋纹、拱形纹以及花体大写字母等装饰元素，进一步突显其独特风格。具有代表性的字体有18世纪中叶的卡斯隆（Caslon）、巴斯克维尔（Baskerville）、加利亚德（Galliard）（图3-14、图3-15）。

④古典主义衬线体。古典主义衬线体，也被称为现代罗马体或现代体。这种字体在18世纪中后期开始在欧洲流行。意大利的字体设计大师贾巴蒂斯塔·博多尼（Giambattista Bodoni）通过使用仪器对老罗马体进行了改良，从而创造出一套新的罗马字体。同时期，另一位著名的字体设计大师费明·迪多（Firmin Didot）也崭露头角。他们的设计都受到了英国人约翰·巴斯克维尔（John Baskerville）字体设计的影响。巴斯克维尔发布的巴斯克维尔字体广受欢迎，并对后来的古典主义衬线体设计产生了深远影响，包括费明·迪多和贾巴蒂斯塔·博多尼等大师的作品。古典主义衬线体的特点是其整齐统一、理性严谨的外形，粗细对比强烈，其中竖线粗壮，而衬线采用细横线。这种字体风格在现代设计中依然有其独特的应用，常被用于时尚杂志的标题和广告正文，以突显其优雅与正式感。其中，迪多

商品包装设计中。文艺复兴时期代表字体有詹森衬线体（Jenson-Antiqua）、本博体（Bembo-Type）、加拉蒙（Garamond）等（图3-12、图3-13）。

③巴洛克字体。巴洛克字体也称为过渡体。拉丁字母在16—18世纪间经历了巴洛克时期，这个时期的字体制作主要依赖于刻字刀。同时，这个时期也是文艺复兴到古典主义的过渡时期。虽然巴洛克艺术以奢华和浮夸著称，但字体形式并未受到太大影响。巴洛克字体既受到手写文艺复兴衬线体的影响，又受到具有现代主义风格的古典主义衬线体的熏陶，从而形成了独特的过渡风格。在设计上，巴洛克字体遵循几何原则。与文艺复兴时期的弧线形衬线不同，巴洛克字体采用直线衬线，边角呈现

Jenson i love china
1234567890

图3-12　詹森衬线体字体样式

caslon i love china
1234567890

图3-14　卡斯隆字体样式

Garamond i love china
1234567890

图3-13　加拉蒙字体样式

Baskerville i love china
1234567890

图3-15　巴斯克维尔字体样式

（Didot）和博多尼（Bodoni）是最具代表性的古典主义衬线体字体形式（图3-16、图3-17）。

⑤粗衬线体。19世纪至20世纪初，为了使设计能够更快地吸引观者的注意，字体形式进一步改良，出现了粗衬线体。粗衬线体又称为埃及体，它将原有的衬线形式得到进一步强化而变得更加粗壮方正。衬线的尾端常使用钝角或圆角来进行设计，而其外形与无衬线体相似。其代表字体形式有克莱云顿（Clarendon）、罗克韦尔（Rockwell）。粗衬线体字体方正整齐，大方端庄，整体抢眼，常用于平面设计、广告设计、包装报纸的正文与标题中（图3-18、图3-19）。

⑥无衬线体。无衬线体是指没有衬线的字体，字体将原有的饰线剔除，以几何线条为主，横竖笔画粗细得到统一。无衬线体线条笔直而转角干脆利落，形式上显得大方简练、识别度高。无衬线体情感上通常无自我个性的表现，从而使观者能更多地关注在文字表达的内容上。

包豪斯设计学院的赫伯特·拜耶是现代字体设计的重要奠基人，他认为装饰线体是过度装饰、无用的累赘，因此使用几何形态来进行字体设计的创造。1925年他设计出通用体（Universal）无衬线体后，又在此基础上进行简化，改良形成拜耶体（Bayertype），后又出现Futura、海维提卡（Helvetica）。海维提卡（Helvetica）也是现代主义字体的代表，它是苹果MacOS系统的默认字体，同时无印良品、宝马、Jeep、微软等企业都用此形式字体作为LOGO。无衬线字体形式偏向理性而摒弃原有的装饰，强调实用性与功能性的统一。无衬线体常被用作广告海报标题（图3-20至图3-26）。

Didot i love china
1234567890

图3-16　迪多字体样式

Bodoni i love china
1234567890

图3-17　博多尼字体样式

Clarendon i love china

图3-18　克莱云顿字体样式

Rockwell I love china
123456789

图3-19　罗克韦尔字体样式

图3-20　通用体字体样式

图3-21　拜耶体字体样式

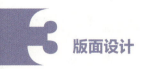

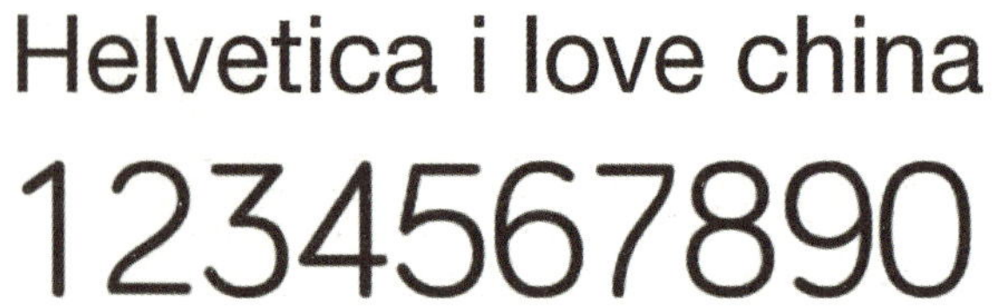

Helvetica i love china
1234567890

图3-22　海维提卡字体样式

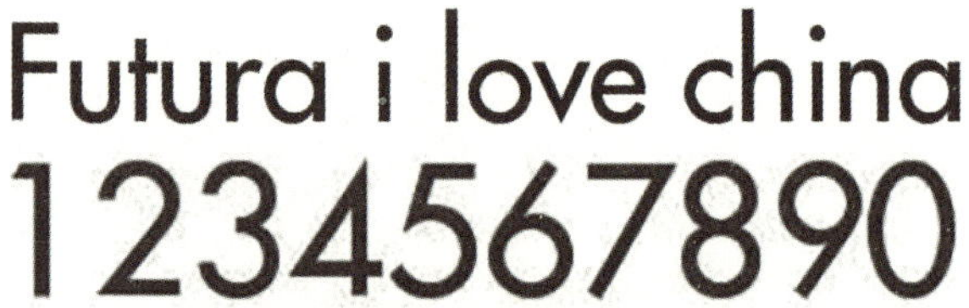

Futura i love china
1234567890

图3-23　Futura字体样式

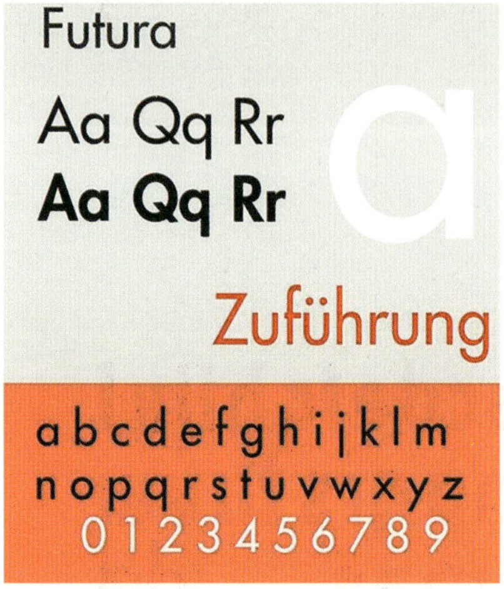

Futura
Aa Qq Rr
Aa Qq Rr
a
Zuführung
abcdefghijklm
nopqrstuvwxyz
0123456789

图3-24　Futura字体

FUTURA
FUTURA
EXTRA BOLD
CONDENSED
1927
PAUL RENNER
MEDIUM
0123456789
ABCDEFGHIJKLMNOPQRSTUVWXYZ
abcdefghijklmnopqrstuvwxyz

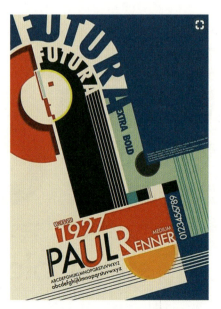

图3-25　Futura字体应用于海报设计

TOYOTA

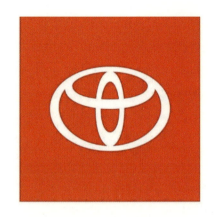

图3-26　丰田LOGO采用无衬线体

Futura字体是指由保罗·伦纳设计的无衬线字体。保罗·伦纳在接触到赫伯特·拜耶的字体设计后深受其影响，在20世纪20年代完成一套Futura字体设计，后被广泛沿用（图3-24）。

⑦现代自由体。19世纪中后期到20世纪，为满足平面设计多样化的需求，字体形式越发多样，既有在原衬线体基础上发展来的字体，又有依据原有无衬线体进行的改良字体，出现摩登的、科技的、手写的、涂鸦的等风格多样的字体。我们需根据版面要求来进行选择，促使画面和谐统一，避免视觉上的混乱（图3-27至图3-35）。

20世纪，杰出的平面设计大师保罗·兰德从事设计工作60多年，先后为IBM、NEXT、ABC、UPS、西屋电气、耶鲁大学等知名企业、机构进行标志设计。其设计在当时表现出极强的功能性与视觉效果，深深影响了全世界对标志设计的概念。

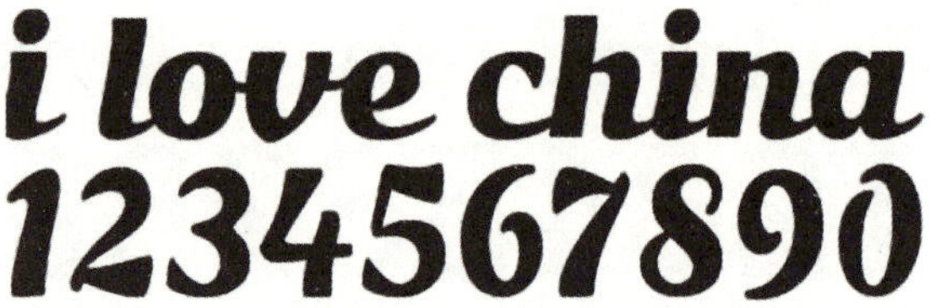

i love china
1234567890

图3-27　ByBlueLuxuryDimond字体样式

I LOVE CHINA
1234567890

图3-28　涂鸦字体样式

I LOVE CHINA

图3-29　科技感字体样式

图3-33　IBM标志变化过程　保罗·兰德

图3-30　NEXT公司企业LOGO设计　保罗·兰德

图3-31　乔布斯身穿NEXT标志T恤与保罗·兰德聊天

图3-32　IBM公司企业LOGO设计

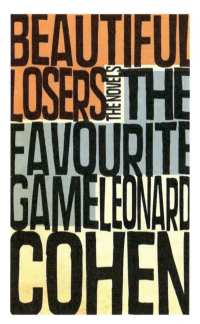

图3-34　《最喜欢的游戏》和《美丽的失败者》
斯科特-理查德森

通过无衬线体将嘴里的牙齿替换，画面轻松活泼，显得极具创意又有趣（图3-35）。

2.图形元素

（1）图形元素概述

任何可见的物体都通过形态而存在，常见的有不规则图形、具象图形、几何图形、文字图形、抽象图形、人物图形等，这些客观形态都是我们大脑中反映出来的视觉映像。在版面设计中，"图形"是通过写、绘、刻等多种手段创作生成的，图形相较于文字的表现显得更加直接而强烈，能够在快速吸引眼球的同时传递信息，并表达情感内涵。

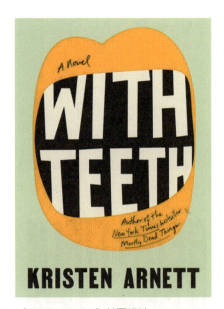

图3-35 《WITH TEETH》封面设计 Lauren Peters-Collaer

图3-36 《长野冬奥会开幕式节目册》 原研哉

（2）正负形

版面设计创造的图形通常是在抽象图形基础上进行再设计的新图形，这些图形可能是夸张的、复合的，或者是充满情感的。此外，无论是人造的图形还是自然的图形，能够引起人们注意的通常称为正形，而那些不易察觉但在背景中起到衬托作用的，称为负形。

在版面设计中，也需注意图形的作用。一是确定图形是否能够传达意义与主题，引起观者的共鸣；二是图形的使用能否给版式的艺术性与创新性带来一定的感染力；三是图形的选择是否具有一定的留白，从而给人带来想象与思考的空间。

在1998年长野冬奥会开幕式节目册的设计中，原研哉希望通过节目册的设计唤起人们对踏雪的记忆。因此，原研哉与造纸厂合作研发出一种特殊的纸张，这种纸张具有冰一样透明的效果，同时纸张表面有一层绒绒的纸纤维。这样的色彩与质地带来雪地的触感，图形压印在纸上就好像踩在雪地中一样，唤起人们对踏雪的记忆。同时，在图中绘制了一簇艳红的火焰，火焰压在松软的雪地中，红与白形成强烈的对比，既表现出冬天的雪景，又表现出运动带来火一般的热情（图3-36）。

（三）色彩要素

1.色彩要素概述

人的视觉感官在观察物时，最初的20秒内色彩感觉占80%，而形体感觉占20%。另外，人站在远方时是无法看清楚图形与文字的，却能够看清色彩，色彩能够第一时间进行传递。

色彩本身就能够传达意义，不同的色彩能够产生不同的心理暗示，从而唤起人的情感反应。色彩的选择会影响所要传达的主题的力量，能够强化主题信息并增添画面变化。

2.色彩的选择

色彩作为版面设计的视觉要素，它对一件作品的好坏起着重要作用。在版面设计中，版式、创意、色彩三者是版面设计的基本元素，相辅相成。其中，色彩能够营造统一的环境氛围，强调主题。另外，色彩之间也存在着一种视觉流程，其中色相、明度和纯度的变化不仅能够引发人们的心理感受，还能决定视线传递的顺序。

3.色彩的暗示作用（表3-2）

表3-2 色彩的暗示作用

色彩	心理暗示作用
红色	快乐、热情、能量、吉祥、喜庆，使人心理活动活跃
黄色	明快、光明、稳重、辉煌、收获，使人振奋、不稳定
绿色	和平、安定、温和、健康、清新、朝气、生机，缓解人的心理紧张
蓝色	宁静、凉爽、舒适、忠诚、理智、博大，给人凉意
灰色	郁闷、空虚，使人消沉
白色	圣洁、素雅、轻快，使人感觉明快
紫色	高贵、奢华、孤独、美丽、神秘、浪漫，使人感到压抑
咖啡色	朴素，减轻人的寂寞感
金色	尊贵、奢华、纯洁、金钱，使人精神紧张
粉色	浪漫、爱情、活力、天真、唯美
橙色	温暖、活力、富足、收获、快乐、幸福，使人联想到秋天
黑色	正直、黑暗、死亡、恐怖、秘密、低调、防御

图3-37 草月的创造空间展海报 田中一光

如图3-37所示，通过纸张撕碎的创意创造多种空间，不同的字体形式相对比，显得趣味十足。字体统一成黑色而彩色退后，使原有因多种文字堆放而杂乱无序的画面有了层次，黑色字体跳入眼帘后视线也被这张彩色的画面所吸引，增强了整张海报的冲突感，丰富了整幅海报。同时，多种色彩的组合搭配，打破了原有单调的画面效果，使得画面生动形象，同时在编排过程中考虑到彩色部分与无彩色系中间的色彩反差和对比烘托，使画面更加生动有层次。

如图3-38所示，设计师将书籍封面一分为四，通过不同的色彩来进行表达，不同的色彩代表生活中的酸甜苦辣与不同的情绪感受，极具吸引力。

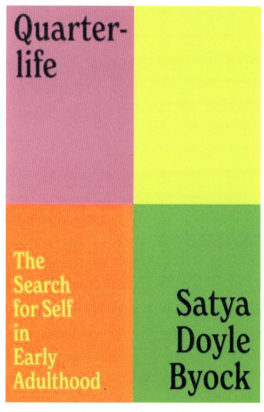

图3-38 《四分之一生活》书籍封面设计
Alicia Tatone

二、案例解读

原研哉设计的节目册是采用特殊材料制作的纸张，这种纸张会给人冰一般的感受，纸张材料表面有一层纸纤维，金属模块的文字经过加热后压印在纸上，纸张中文字部分出现凹陷，而在热压作用下，纸张呈现半透明状，像冰一样无瑕。这样的设计使观者能够联想到冬天大雪覆盖了地面，而文字印在纸张上就好像是物体踩在雪地中，唤起人们对冬天雪中漫步的记忆，一瞬间将人拉入白雪皑皑的世界，如图3-39所示。

弗兰兹·莱特是美国著名诗人，其诗词常以生命、死亡、成长为主题来进行创作，书籍封面设计展现一种理性而严谨的态度，色彩上使用热情的红色与温暖的奶白色作对比色，显示出诗人内心的狂热与平静，让人好奇诗词的内容而增添其吸引力（图3-40）。

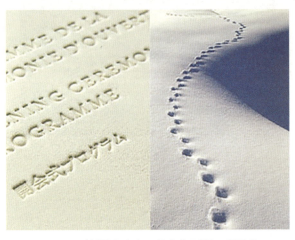

图3-39 《长野冬奥会开幕式节目册》 原研哉

图3-40 弗兰兹·莱特诗歌封面设计《F》
Carol Devine Carson

第二节　版面设计的视觉流程

任务描述

熟悉视觉流程的概念和规律。

任务目标

素质：提升职业素养与专业自信；了解传统文化与设计师的社会责任。

目标：通过案例讲解与赏析，学生从不同角度和形式了解视觉流程的概念，在提高对版面设计创意的理解的同时进行实践。

能力：能对不同视觉流程形式进行具体应用；具备设计方案汇报能力。

一、最佳视域与视觉流程

（一）最佳视域

在版面设计过程中，通常会将重要信息放置在能够被人一眼察觉的重要位置，这个位置即版面的最佳视域。版面中存在不同的视域，图像与色彩量的紧张感对视线具有吸引力而使视线不断地移动变化。

在阅读过程中，人的视线有一个自然流动的习惯。心理学家葛斯泰在研究画面视觉规律中发现版式中处于上侧的视觉诉求力要强于下侧，左侧的视觉诉求力要强于右侧，因而画面中最佳视域一般在左上部与中上部。与此同时，人们习惯从左往右、从上到下进行阅读，这时注意力呈逐渐递减，这也使得在阅读时给人的心理感觉是上半部分轻松流畅，下半部分沉重费力，这种视觉上高低落差的感觉与自然界中万有引力有一定联系。这种心理感受也使得我们视觉的注意力更偏向于左上部分与中上部分。因此，在版面中这部分也被称为最佳视域。通常在平面设计中将广告信息、标题、包装商品名称放置于此（图3-41）。

（二）视觉流程

根据人们的阅读习惯，视线通常会从上到下、从左到右移动，形成一种无形的视觉流线。在版面构成中，我们会根据文字、图形、空间、比例等因素和特定的需求，按照形式美的法则进行编排，以便适应这种视觉习惯。这样的编排方式使得视线能够沿着画面中各个元素的位置轨迹进行移动，这种在移动过程中所看到的元素顺序被称为视觉流程。

人的视觉注意力在不同范围内存在差异。最佳视域通常位于最佳焦点的周围，这是一个直径约为画面宽度5/6的放射状平缓递减区域。通常，这个最佳区域分布在如图3-42所示的位置，最佳区域位置的应用示例如图3-43、图3-44所示。

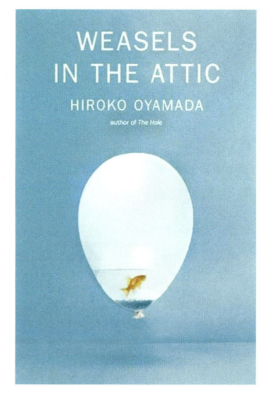

图3-41　书籍封面设计　Janet Hansen

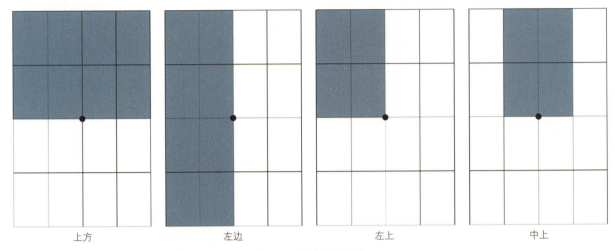

| 上方 | 左边 | 左上 | 中上 |

图3-42 最佳区域位置

图3-43 某学院画册设计

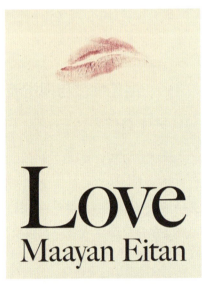

图3-44 《爱》书籍封面设计
Stephanie Ross

（三）视觉流程的分类

版面设计中的视觉要素（如文字、图像、色彩等）只有经过高效合理的编排，才能将信息准确地传递给受众。视觉流程是通过对规律的认识而设计出流畅、合理的视觉体验路线的。版式中的视觉流程实际是版式空间中的一种空间运动形式，是一种虚拟的流动线，不同元素的排列组合引导着视线的流动，而这样将产生一定的视线轨迹。虽然这样一条轨迹无法通过肉眼看到，但它可以产生真实的导读效果，引导人的阅读。这样的视觉流程设计使得观者能够清晰有序地进行阅读，同时提高版面设计传达信息的效率。进行视觉流程的设计需要设计者对作品有深刻的认识与思考，强调的是作品的逻辑性与空间关系。通常视觉流程又分为"自然视觉流程"和"秩序视觉流程"。

1. 自然视觉流程

自然界中客观存在的视觉元素，如我们看到一处风景中的前景、中景和远景，这些都是客观存在的视觉顺序，是不受人控制的。因此，它的出现与顺序也决定了它的视觉流程顺序的客观性，所以这种自然视觉流程是不属于设计范畴的。通过这种认识，我们发现人的自然视觉意识是一种潜意识的视觉流程顺序。因此，在空白的画面中，左上角是最先被注意到的区域，因为视线是从左到右、从上到下进行传递的。

如图3-45所示，绘画作品的签名一般会被安排在右下角，这使得签名不会过于显眼而影响绘画作品本身。

2.秩序视觉流程

秩序视觉流程是设计师在自然视觉流程认识的基础上，为更好地进行版面设计，将原有的视觉习惯打破，创造具有艺术性、趣味性，符合审美且合理严谨的作品而进行的科学的视觉流线的思考（图3-46）。

二、视觉流程的传递形式

（一）直线单向视觉流程

直线单向视觉流程是指使用清晰简明的流动线来进行版面编排。这种方式能够简洁明了地表达主题，具有明快直观的视觉表现力。直线单向视觉流程又分为竖向、横向与斜向3种视觉流程。

1.竖向视觉流程

竖向视觉流程是一种稳定而强有力的构图形式，视线会随着垂直的中轴线上下移动，通常具有坚定、直观的视觉感受。

2.横向视觉流程

横向视觉流程是沿着版面中轴线将文字或图像以水平方向进行运动的。横向视觉流程引导观者的视线左右水平移动，给人稳定的状态感受（图3-47）。

图3-45 《端坐仕女》 常玉

图3-46 电影海报

3.斜向视觉流程

斜向视觉流程比水平垂直的线条效果更强烈。在设计中，通过斜线的动势来吸引视线，打破原有横向与竖向带来的稳定感，使画面动感且具有视觉张力（图3-48至图3-50）。

如图3-48所示，这是瑞士著名设计师布鲁诺·蒙古齐的作品，这是他为米兰举办的俄罗斯艺术家作品展所创作的一张海报。这幅作品采用构成主义的风格样式进行设计，用的是典型的斜向视觉流程来进行的画面设计。画面文字采用黑色、红色、白色、灰色分割成4组，层次清晰、舒适。画面纯粹、简洁有力，视觉流程清晰易读。

如图3-50所示，福田繁雄这张海报作品是为了纪念第二次世界大战结束30周年而进行的设计。海报使用倾斜式版面设计，用黄色、黑色大面积铺色，点缀白色来进行表现，因而极具视觉冲击力。设计中只使用了一根枪管、一颗子弹来进行构成处理，采用了漫画的手法，同时填充大面积的色块。

仔细观察能够发现其奇妙的点在于画面中子弹是反向飞回的，可见其设计的精彩，用诙谐的手法表现战争的危害，含义深刻。

（二）曲线视觉流程

曲线视觉流程是指通过各要素沿着弧线或回旋线进行运动构成的设计布局。这种流程不仅丰富了画面的表现形式，还通过曲线的运用为画面增添了深度与动感，使其更具节奏感和韵律感。常见的曲线视觉流程形式包括弧线的"C"字形和回旋线的"S"字形。

"C"字形视觉上显得饱满且存在一定的方向性。"S"字形在平面中能够加深画面的动感与趣味性，其中"S"字形的构成也更具变化（图3-51、图3-52）。

（三）重心视觉流程

重心视觉流程是指观者的视线随着形象的方向和力度变化而移动。在版面设计中，当主体元素具有表现力的形象或文字，占据主要位置或整个版面

图3-47 《纽约客》杂志主题封面设计 玛莉卡·法夫尔

图3-48 《俄国艺术家作品展海报——马雅可夫斯基、梅杰乔尔德、斯坦尼斯拉夫斯基》海报 布鲁诺·蒙古齐

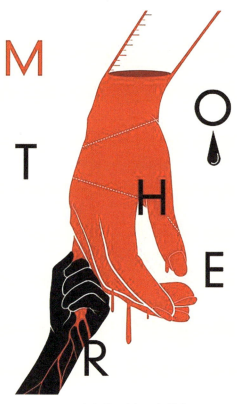

图3-49 澳大利亚海报双年展作品

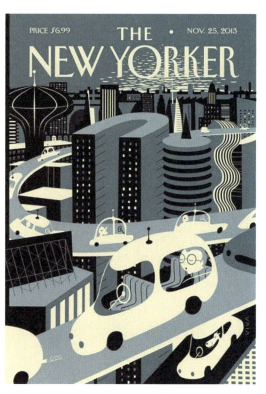

图3-51 "S"字形海报设计
《纽约客》杂志主题封面设计

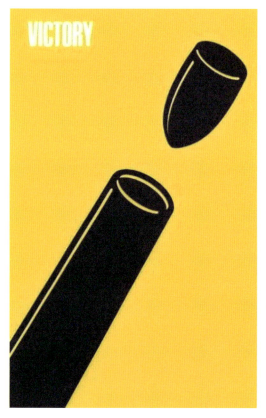

图3-50 《1945年的胜利》 福田繁雄

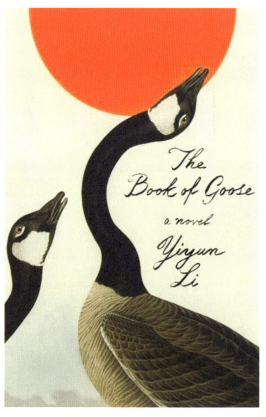

图3-52 《鹅之书》书籍封面设计 Na Kim

时，这种重心视觉流程可以使版面主体更加突出。它不仅强化了画面的重点，还通过图形朝向的动态暗示来增强画面的动态感。版面的流线会形成视觉重心的稳定与不稳定感，这种稳定或不稳定感与平面构图中主体元素的重心位置密切相关。此外，画面中图形的聚散、色彩关系及明暗关系等也会对视觉重心产生一定的影响（图3-53）。

（四）导向视觉流程

导向视觉流程是通过诱导元素来引导受众的视线沿着特定方向流动的设计手法。这种流程通过设计主次、虚实、大小等视觉元素，将版面中的各个元素有机串联起来，形成一条明确且富有意图的视觉流线，从而有效地传达信息并增强版面的活力与动感。其中，导向元素可以包括文字导向、线条导向、手势导向、视线导向、形象导向以及色彩导向等。

艾普瑞尔·格丽曼的作品极具超现实主义风格特点，海报主体是运动员的双腿，以一片蓝色的天空作为背景。几何图形的组合使画面具有空间的错视感，极具创意（图3-54）。

（五）散点视觉流程

散点视觉流程指编排设计中的元素（如图形、文字）的排列组合是分散自由、无明确方向性的，强调的是自由轻松与情感的表达，追求空间的动感，注重个人审美与自我设计价值的体现。散点视觉流程适用于内容相对较多的广告中。

散点视觉流程没有固定的视觉流动线，编排效果看似随意，但实际上其中蕴含着严谨的视觉流程设计。通过点、线、面和色块的巧妙组合，构成一种看似活泼潇洒，但结构依旧严谨的版面效果。尽管版面看起来散乱，但在设计过程中，设计师仍然需要注重阅读过程的处理，引导观者的视线随着版面内容进行上下左右的移动。虽然散点视觉流程不如其他视觉流程严谨、清晰，但在设计过程中也需要注意主次关系，避免画面出现凌乱无主次的情况，从而破坏视觉流线的连贯性，干扰信息的传递。

如图3-55所示，威利·孔茨在版面设计上放弃使用严谨的网格系统，而采用更加感性与自由的方式来传递信息。

美国文学网站Lithub每年都会选出年底最佳50张书籍封面，图3-56是2022年获第二名的封面设计作品。这幅作品采用了经典的散点视觉流程设计，观者的视线在几个热气球之间自由流动。设计师巧妙地运用了倒置的热气球，将天空与地面颠倒，营造出一种视觉上的混乱感。这种设计上的巧思不仅与"不见土地"这一主题相呼应，而且为观者带来

图3-53 《走向永恒》 Jaemin Lee

图3-54 洛杉矶奥运会宣传海报设计
艾普瑞尔·格丽曼

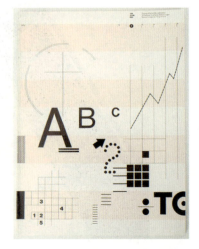

图3-55 海报设计 威利·孔茨

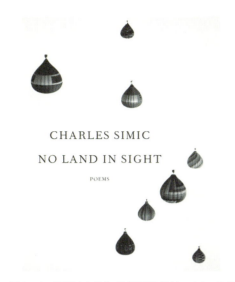

图3-56 《不见土地》书籍封面设计 John Gall

图3-57 《纽约客》杂志内刊插画

了既冲突又有趣的视觉体验，令人惊叹不已。

（六）反复视觉流程

反复视觉流程是指相同或相近元素在设计中按一定规律有机地排列组合，朝一个方向进行运动来引导观者视线流动，通过反复的形式使内容更加丰富。虽然不像重心视觉流程与直线单向视觉流程所带来的视觉感受那样强烈，但这种设计通过不断重复能够体现出秩序美、节奏美与韵律美，使得画面信息得到反复强化。

反复视觉流程也可以在重复排列组合的过程中，突出个别要素，打破原有的规律。可以通过如大小调整、元素突变、元素近似、色彩变化等手法来打破原有的单调与呆板，从而使版面更具趣味性与特色（图3-57）。

（七）复杂视觉流程

复杂视觉流程是由多个元素进行组合编排而成的。与那些具有明显导向性的视觉流程相比，复杂视觉流程通常展现出更为丰富多样的画面效果。其流线引导可能是多重的，更注重画面的变化与虚实关系，从而创造出极具艺术感染力的视觉效果（图3-58）。

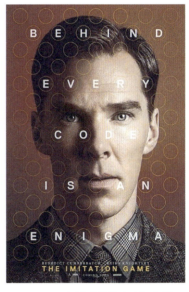

图3-58 电影《模仿游戏》海报

三、知识拓展

1.靳埭强，《靳叔说：设计语录》，安徽美术出版社，2009年出版。

2.吴东龙，《设计东京》，山东人民美术出版社，2010年出版。

3.香港设计中心，《设计的精神（续）》，辽宁科学技术出版社，2009年出版。

四、课后作业

（一）工作任务

任务一

熟悉不同类型文字组合带来的视觉感受。

①选择两种不同风格的中国经典诗词。

②使用中文与英文变换3种不同字体样式。

③使用A4纸张排版。

④思考不同字体样式下文字的情感表现与视觉体验的差异。

任务二

分别用点、线、面来完成"环保"主题的版面设计，并分析设计作品中的视觉流程规律。

（二）任务实施

操作步骤及实施过程如表3-3所示。

表3-3　操作步骤及实施过程

操作步骤	操作程序	实施过程	备注
1.接到设计任务	检查设计信息是否齐全，了解设计目的	1.是否准确理解设计意图与要求； 2.对设计内容进行充分了解，确定设计内容	确定所给图纸是否完整
2.开始设计工作	研究项目	1.思考设计主题； 2.思考项目海报设计特色及设计常用表现方式、色彩与元素； 3.收集相关设计意向图纸与素材	1.考虑目标群体； 2.同类海报对比思考
	明确主题，寻找合适图片	1.根据收集资料确定设计主题； 2.明确主题传达信息方向（包括色彩、背景图片、文字效果）	
	定下设计草图	1.思考传达信息的主次，确保海报设计层次清晰； 2.注意排版与布局； 3.注意主题元素使用（颜色、大小、位置等）； 4.整体色彩的选择	注意海报设计创意
	加上文字	1.确保文字清晰易读，信息快速传达又具有表现力与吸引力； 2.确保文字与其他元素协调； 3.文字的选择不超过3种，确保展示的整体性	
	草图作品检查与修改	1.设计中各元素是否有关联； 2.设计是否协调一致； 3.设计的节奏与韵律的把控是否准确； 4.设计中主次关系是否清晰	
	正式设计绘制	1.确定使用工具（多种软件的选择）； 2.进行整体设计与绘制	注意： 1.点线面与版式的关系处理； 2.空间层次与版式的关系处理； 3.肌理关系的处理
3.设计审核	设计检查与调整	1.设计是否达到要求； 2.文案是否缺失； 3.信息是否可以识别； 4.检查出图的像素、色彩模式等	
4.完成设计	设计出图	印刷与整理	根据实际要求进行

（三）评价反馈

评价反馈如表3-4所示。

表3-4　评价反馈表

姓名：	专业：		班级：		学号：
任务分析	1.设计目的				
	2.设计思路				
任务实施	1.草图绘制阶段				
	2.正式设计阶段				
	3.方案修改阶段				
	4.出图阶段				
任务完成	1.整体反馈				
	2.细节反馈	造型			
		色彩			
		排版			
		文字			
		细节			
		其他			

第四章　版式编排与形式技巧

第四章 版式编排与形式技巧

 第一节 版式编排的构成

任务描述

熟悉不同的版面结构，能分辨齐行型、居中型、自由型；了解和熟悉不同的字体，能区分饰线体与非饰线体；熟知图文混排中涉及的不同概念。

任务目标

素质：激发学生学习热情，弘扬爱校精神，提升服务意识。

目标：通过本节的学习与实践，学生掌握编排构成的基本理论和应用原则。

能力：掌握设计编排形式方法，具备设计能力；提升学生专业文化内涵意识。

一、版面结构

（一）齐行型

齐行型的版面设计是在整体版面的上下左右设定一个框架，并在框架内按照正确的顺序配置文字、照片和标题。齐行型的版面形式是商业设计常用的一种形式，这种形式理性而严谨。当然，齐行型也可以适度进行破版。

（二）居中型

居中型是以版面中轴线为标准，文字进行居中排列，左右字距通常可以是相等的，也可以是长短变化的。居中型的版面较为优雅，中间的对齐基线往往隐藏，而两边处于不断变化的收放形态，形式

上规整、稳定、清晰。

（三）自由型

自由型不需要考虑齐行或中心线的规矩，而是根据整体的要求在协调统一的基础上保证版面的形式美。自由型并不是混乱无逻辑的，而是要讲究版面的均衡与适度的。

二、文字编排

（一）字体

1.中文字体

在版面设计中，选择和设计中文字体是确保版式美观和信息高效传达的关键环节。中文字体种类繁多，常见的字体有传统体、宋体、黑体、新体等。为了版面的整体性和协调性，通常在一个版面中不宜使用超过4种字体。字体风格和样式的选择应相对统一，颜色的选择也应避免过于繁多，以免造成版面层次混乱，影响阅读体验。此外，通过变换字体的粗细、长短以及调整行距等方式，可以进一步丰富画面的视觉效果（图4-1）。

传统体是以书体为基础设计的字体，如隶书、楷体等，它们保留了传统书法的韵味和特色。宋体则以其独特的饰线体特征而著称，其笔画细腻、线条流畅，具有独特的审美价值。黑体则遵循现代主义设计原则，以无饰线体的形式呈现，其字体简

洁、明快，易于阅读。新体则是以传统体、宋体、黑体为基础开发的新的字型，它结合了多种字体的特点，形成了独特而新颖的视觉效果。

2.英文字体

英文字体通常也分为衬线体与无衬线体。衬线体主要分为古典体、过渡体、现代体和粗衬线体四大类，如图4-2所示。无衬线体可分为过渡体、人文体和几何体三大类，如图4-3所示。

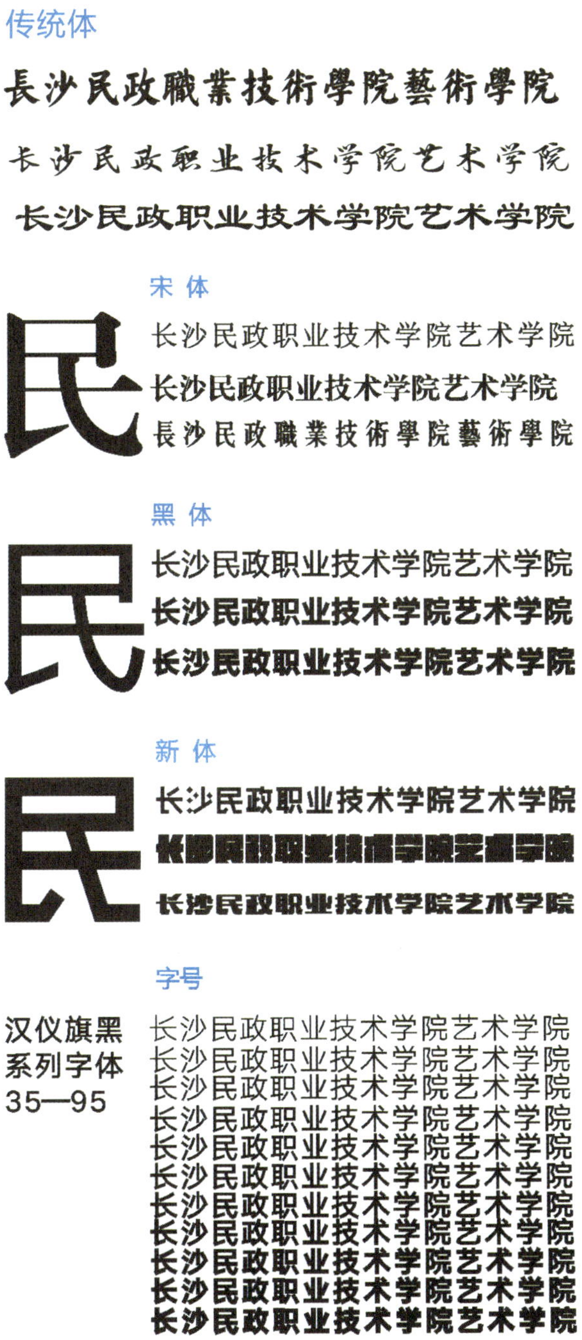

传统体

長沙民政職業技術學院藝術學院

长沙民政职业技术学院艺术学院

长沙民政职业技术学院艺术学院

宋体

长沙民政职业技术学院艺术学院
长沙民政职业技术学院艺术学院
长沙民政職業技術學院藝術學院

黑体

长沙民政职业技术学院艺术学院
长沙民政职业技术学院艺术学院
长沙民政职业技术学院艺术学院

新体

长沙民政职业技术学院艺术学院
长沙民政职业技术学院艺术学院
长沙民政职业技术学院艺术学院

字号

汉仪旗黑
系列字体
35—95
长沙民政职业技术学院艺术学院
长沙民政职业技术学院艺术学院
长沙民政职业技术学院艺术学院
长沙民政职业技术学院艺术学院
长沙民政职业技术学院艺术学院
长沙民政职业技术学院艺术学院
长沙民政职业技术学院艺术学院
长沙民政职业技术学院艺术学院
长沙民政职业技术学院艺术学院
长沙民政职业技术学院艺术学院
长沙民政职业技术学院艺术学院

图4-1 字体样式

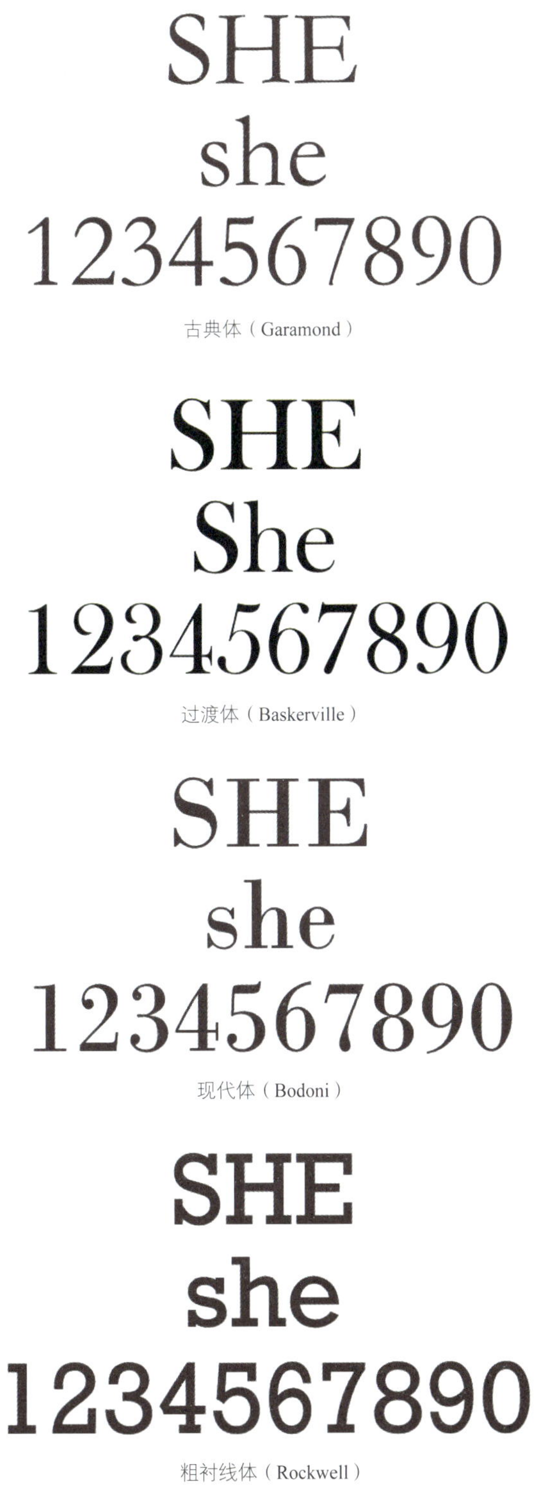

SHE
she
1234567890

古典体（Garamond）

SHE
She
1234567890

过渡体（Baskerville）

SHE
she
1234567890

现代体（Bodoni）

SHE
she
1234567890

粗衬线体（Rockwell）

图4-2 衬线体四大类

SHE
she
1234567890

过渡体（Gill Sans）

SHE
she
1234567890

人文体（Helvetica）

SHE
she
1234567890

几何体（Futura）

图4-3　无衬线体三大类

（二）字号

1.字号概述

字号是用来表示字体大小的单位。在计算机字体设计中，字体的面积大小通常通过号数制、点数制和级数制等计算方法来确定。目前，全球通用的计算机字体大小的标准是点数制，其中1点相当于0.35mm。在英文中，点数制被称为"point"，因此"点"也被称为"磅"或"磅数制"。

2.字号的选择

在版面设计中，字号的选择需要根据设计的需求和设计师的经验来决定。当版面需要通过设计来引导观者的视觉流程时，字号的大小就能起到强调层次和引导视线的作用。通过巧妙地运用不同的字号，可以更加清晰地传达版面内容，同时吸引观者的注意力。在选择字号时，还需要根据版面的具体需求来进行。一般来说，标题的字号应相对较大，以便突出其重要性。通常，选择14磅以上的字号会更加合适。而正文部分的字号则应相对小一些，以确保文字的可读性和整体版面的和谐。正文部分通常选择9~14磅的字号来传达信息。

（三）行距与间距

1.行距

行距是段落中每行字之间的距离。同样的文字内容，当字距相同而行距不同时会给人不一样的视觉感受。行距过于紧凑会使阅读变得困难且混乱，不利于信息的传达；而行距过大则可能使版面显得空洞，缺乏分量感。因此，在选择和使用行距时，设计者需要进行谨慎的考虑。在设置行距时，通常建议行距为字高的一半至两倍。同时我们可以根据内容主题来进行行距的选择，必要时逐行进行调整，以确保视觉流线更加清晰可读，具有层次感（图4-4）。

一壶浊酒喜相逢，古今多少事，都付笑谈中。白发渔樵江渚上，惯看秋月春风。滚滚长江东逝水，浪花淘尽英雄。是非成败转头空，青山依旧在，几度夕阳红。滚滚长江东逝水，浪花淘尽英雄。是非成败转头空，青山依旧在，几度夕阳红。白发渔樵江渚上，惯看秋月春风。白发渔樵江渚上，惯看秋月春风。

行距

一壶浊酒喜相逢，古今多少事，都付笑谈中。白发渔樵江渚上，惯看秋月春风。滚滚长江东逝水，浪花淘尽英雄。是非成败转头空，青山依旧在，几度夕阳红。滚滚长江东逝水，浪花淘尽英雄。是非成败转头空，青山依旧在，几度夕阳红。白发渔樵江渚上，惯看秋月春风。白发渔樵江渚上，惯看秋月春风。

图4-4　行距

2.间距

间距也称为字距，是指字与字之间的距离。在版面设计中，对字体行距与间距的调整变换能够更好地体现主题。现今行距与间距并不是固定不变的，而是根据设计主体需要而变化调整的。在版式编排中，字距一般小于行距。字距的选择一般为字体宽度的10%。字距过紧会使得阅读时字体难以被分辨，从而造成阅读困难；字距过松则不适用于内容较多的正文，这也会使得阅读变得费力，阻碍信息的传递。过松的字距更适用于标题与诗词短文等的排版（图4-5）。

三、图文混排

（一）网格与网格拘束率

1.网格

网格是由一系列垂直与水平参考线以及定位点构成的系统，旨在组织与定位和约束版面设计。依靠网格能够快速对文字、图像等视觉元素进行合理高效的放置与组合，形成更加和谐的层级关系，并使各个元素之间的联系更加紧密，从而构建版面设计的秩序。这样的设计不仅符合观者阅读的视觉心理，还使观者阅读的流程更加清晰和高效。网格通常根据不同的逻辑关系分为矩阵网格、点阵网格、黄金分割网格和自由网格4种。

（1）矩阵网格

矩阵网格是最常用的网格形式，它是由一系列横平竖直的参考线组成的。这种形式不仅充满理性与秩序感，还能通过巧妙的组合来增强画面的统一

感（图4-6）。矩阵网格分为单栏网格、分栏网格、单元网格、复合网格、基线网格。

①单栏网格。单栏网格是最基础的矩阵网格形式，通常用于简单的以文字、图片为主的版面设计。单栏网格的版面设计显得简洁大方，但若版面文字信息量过大则会带来阅读的疲惫感，版面也会显得呆板，缺乏趣味性（图4-7、图4-8）。

图4-6　矩阵网格设计的《华盛顿邮报》

图4-7　通栏（对称型）

图4-5　间距

图4-8　通栏（不对称型）

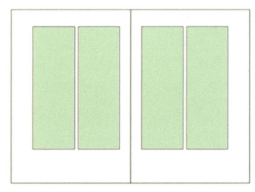

图4-9　两栏网格（对称型）

②分栏网格。分栏网格适用于图文混排的版面设计，经常用在网站、报纸、杂志的设计中。分栏网格可以更加理性、系统地进行画面文字的排布，并根据需要进行具体栏数的划分。分栏的形式既可以是均分等宽，也可以是不同宽度的栏宽（图4-9至图4-14）。分栏网格具有良好的秩序感与平衡感，能够给观者带来轻松舒适的阅读体验。

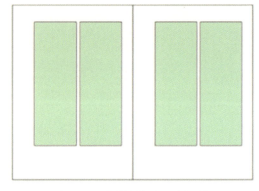

图4-10　两栏网格（不对称型）

③单元网格。单元网格适用于复杂多变的版面编排需求。通过打破传统的分栏形式，利用单元格的灵活排列与组合，设计师能够更高效地实现清晰、有序的设计，同时提供更多创新的可能性。单元网格不仅使信息的编排更加灵活自由，还确保各元素与信息在保持和谐联系的同时，增强版面的趣味性和灵活性（图4-15、图4-16）。

④复合网格。复合网格巧妙地将分栏网格与单元网格结合起来，使版面编排更加灵活多变。设计师可以根据具体的设计需求，通过不同形式网格的相互搭配与组合，创造出既灵活又耐看的版面效果，带给观者轻松愉悦的阅读体验（图4-17）。

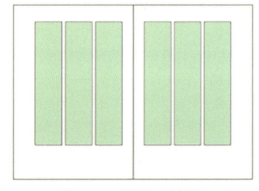

图4-11　三栏网格（对称型）

⑤基线网格。基线网格是一种辅助工具，通过提供参考线来帮助设计师将版面中的元素进行有序的组合和定位。它可以使图文元素的排列更加便捷和迅速，提高工作效率。然而，在最终的版面呈现中，基线网格通常不会被显示出来，仅作为辅助工具存在（图4-18）。

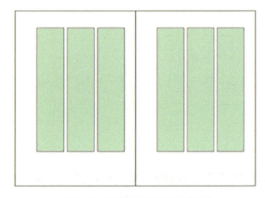

图4-12　三栏网格（不对称型）

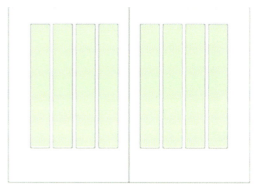

图4-13　四栏网格（对称型）

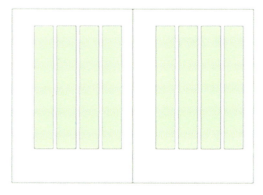

图4-14　四栏网格（不对称型）

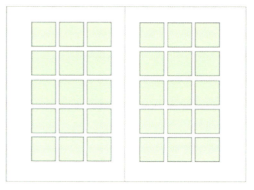

图4-15　对称单元网格

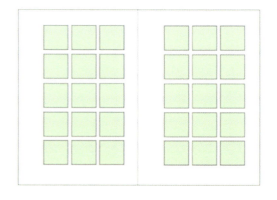

图4-16　不对称单元网格

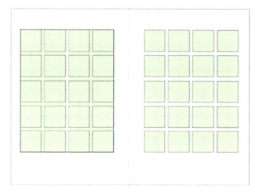

图4-17　复合网格

图4-18　基线网格

（2）点阵网格

点阵网格是一种以垂直与水平的定位点为参照的网格形式。在排版过程中，图片和文字可以通过定位点来进行旋转、偏移等操作，使得版式效果丰富而具有趣味性（图4-19）。

图4-20所示的作品通过使用点阵网格，将繁杂的文字进行整合统一，整体画面活泼又不显得混乱。

（3）黄金分割网格

①黄金分割网格概述。黄金分割最早由古希腊哲学家毕达哥拉斯发现并提出，也称为黄金律，其核心是0.618这个黄金数。这个比例在建筑和艺术

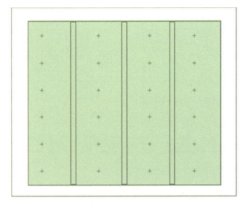

图4-19　点阵网格

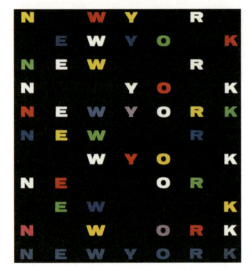

图4-20　《财富》杂志　利奥莱·昂尼

领域中被广泛认为是最理想的比例关系，因为它具有丰富的美学价值。在版面设计中，运用黄金分割能够使画面更加协调与美观，因此设计师常常运用这种比例来进行各种设计（图4-21至图4-24）。

②热点网格结构。在版面设计中，存在一种简化版的黄金分割结构形式，被称为热点网格结构。这种结构将版面划分为3×3的网格形式，通过垂直与水平的定位点，可以得到4个分割点。这4个分割点因其独特的吸引力而被称为黄金分割点，而黄金分割点周围的区域则被称为热点区域。当我们将设计要素放置在这些分割点区域时，能够有效地引导观者注意力，使版面更加引人入胜（图4-25）。通常我们可以在热点网格中做水平构成、垂直构成与倾

斜构成，这种网格系统可以使主题突出、正负空间对比强烈，从而使版面更具空间张力（图4-26）。

③根号2矩形。在平面设计中，存在一种与黄金分割网格类似的结构形式，那就是"根号2矩形"。这种矩形可以被无限等分为同等比例的矩形，因此在设计上的应用更为广泛。与黄金分割网格相比，"根号2矩形"具有独特的优势。特别是在印刷领域，"根号2矩形"的形式能够更彻底地利用纸张，有效节约材料。因此，它已经成为印刷纸张体系的国际标准（图4-27）。

（4）自由网格

①自由网格概述。自由网格结构相较于其他形式的网格结构，其形式会更加自由且具有主观性。自由网格会根据主题与内容进行相对自由的编排。然而，自由网格在设计过程中也需要注意版式编排的严谨性与规律性，注重画面的色彩、构图、肌

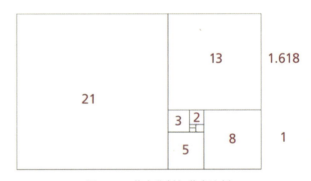

图4-21　黄金分割与黄金比例

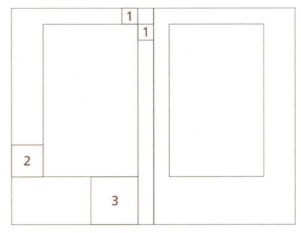

图4-22　黄金分割用于页面构造

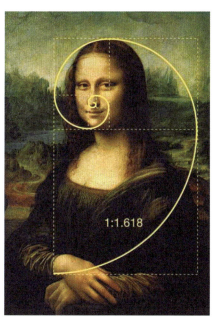

图4-23 黄金分割在构图中的运用

图4-24 《新古典主义字体》 田中一光

图4-25 热点网格结构

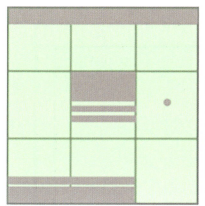

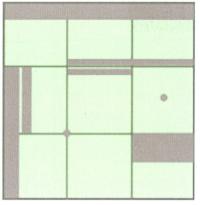

图4-26 热点网络结构的常用形式

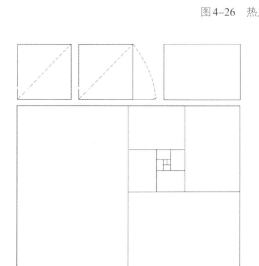

图4-27 "根号2矩形"可无限次分割为同等比例的矩形

理、空间、线型等的使用,使画面具有高效的阅读流线。常见的自由网格形式有弯曲参考线、倾斜参考线、意向性网格、隐喻性网格(图4-28)。

②网格作用

· 更加系统化和清晰化地厘清设计思路

· 集中精力看透设计中的关键问题所在

· 以客观取代主观

· 理性地去看待创造和制造产品的过程

· 学会将色彩、形式和材料进行结合

· 尝试从建筑的角度来驾驭内外空间

· 设计态度变得更加积极前瞻

图4-28　电影《黑天鹅》海报设计
La Boca 设计工作室（英国）

图4-29　网格拘束率高带来画面的整体与严谨

2.网格拘束率

在版面设计中，照片和标题的位置通常是依据版面网格线进行排版的。排版设计的自由度与遵循网格约束的程度成反比关系：越是严格遵守网格约束，网格的拘束率就越高，设计自由度则相对较低，如图4-29所示。然而，设计师也可以选择无视网格的约束，以追求更加自由、独特的版面设计。这种脱离网格约束的设计方式，能够为版面带来独特的视觉效果。

（二）版面率与图版率

如图4-30所示，版面中上下左右的空白称为留白，留白内侧被使用的空间称为版心。版心相对于整个版面的面积比例称为版面率。版面率越高，留白越少，版面显得越满，给人一种热情上进的感觉。版面率越低，留白越多，这样版面会显得更加稳定、精致。

图4-30　版面设计纸张

如图4-31所示，占据版面的图片和文章的面积比例称为图版率。图版率是版面样式设计中的一个关键要素，它对于版面的整体布局和视觉效果起着重要的作用。

（三）文字跳跃率与图片跳跃率

1.文字跳跃率

文字跳跃率是指版面中不同要素之间的大小比例对比。其通常分为文字跳跃率与图片跳跃率。

义字跳跃率是指版面中不同文字之间大小的对比关系。这种对比是以版面中最小的文字作为参照的，通过比较最大文字所带来的视觉强度来产生跳跃率。因此，在版面设计中，文字字号、样式与色彩的选择能够使画面产生不一样的体验，丰富的字号层次不仅能够引导观者的视觉流线，还能使画面更具趣味性，减轻画面的枯燥感。一般来说，版面中文字跳跃率大的作品通常更加感性活泼，具有更强的视觉冲击力；而文字跳跃率较小的版面会显得更为理性严谨（图4-32）。

2.图片跳跃率

图片跳跃率是指版面中最大图片与最小图片的比例。图片跳跃率越高，版面越活泼，越有亲和力。版面跳跃率低，则会使版面精致、稳定。此外，版面跳跃率还有助于观者的阅读和视觉中心的定位，帮助创造有序的视觉流程（图4-33）。

图4-31　图版率形式

图4-32　文字跳跃率样式

图4-33　图片跳跃率带来的视觉冲击

（四）视觉度

版面中文字与图片所产生的视觉强度称为视觉度。外观和视觉刺激越强烈，视觉度越高。色彩关系中明度、色相、纯度都影响着视觉度。

如图4-34所示，第一张图片与第二张图片相比较，显然第一张图片视觉度要高，画面更具有吸引力、生动与活泼。

四、造型原则

（一）明确主体与分开副主体

通过明确版面主体能够增加画面的安定感。如果版面中缺少主体，会使得版面变得呆板、无趣与混乱。分开副主体，能够激活两者，如将舞台上的人物分散到左右，不固定在中央位置，才能让人联想，使整体画面生动有力。如图4-35所示，达·芬奇《最后的晚餐》这幅作品，如果犹大坐在耶稣的邻座，就形成了没有动感的构图。主角和配角应在一定程度上分开配置。

如图4-36所示，我们可以通过两图比较来理解分开效果，左边这组文字包围着小长方形照片，富有变化与趣味，而右边这组照片远离主角照片，放置在右上角形成统一的流向，显得整体稳定。

（二）群化与格式塔心理学

群化是指元素在物理上比较接近，使它们看起来连成一块，这是物体接近性原则，也就是群化。在平面设计中，群化就是使用各种方法，如数量、拼凑、填充然后产生各种结果。群化是基本形重复构成的一种特殊表现形式，它不像一般重复那样四面连续发展，而具有独立存在的意义。因此，它可作为标志、标识、符号等设计的一种设计手段（图4-37至图4-39）。

格式塔心理学是西方现代心理学的主要流派之一，兴起于20世纪初的德国，格式塔在德语中是"形式"的意思，根据其原意也称为完形心理学，完形即整体的意思。

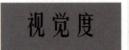

图4-34　图片视觉度效果对比

图4-35《最后的晚餐》 达·芬奇

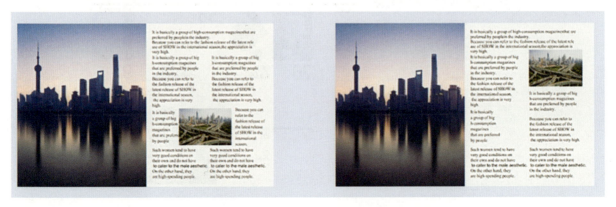

图4-36　图片主体与分开副主体效果对比

如图4-37所示，这张海报也是一张典型的使用格式塔心理学的作品。从图中可以发现，其中的彩色文字被遮盖了，而我们依旧能够判断出是"知"字。这就是心理学中的"完形"，我们能够通过已知推测出未知，给人想象的余地。

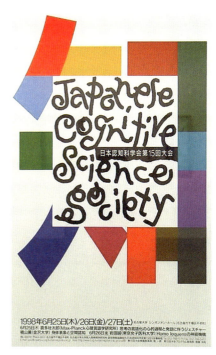

图4-37 日本认知学会海报 白木彰

图4-38 未群化效果

图4-39 重视负形，群化后的效果

（三）正负形与留白

形体和空间是相辅相成的，互不可分的。一定的形体占据一定的空间，其体积深度便具有了空间的含义。在二维的平面空间中也是一样的，空间与形体的基本形必然是通过一定的物形得以界定和显现的。我们将形体本身称为正形，也称为图；而将其周围的"空白"（纯粹的空间）称为负形，也称为底。如图4-40所示，中国传统太极图就是正负形表现的形式。

在平面空间中，正形与负形是靠彼此界定的，同时又相互作用。在一般意义上，正形是积极向前的，而负形则是消极后退的。形成正负形的因素有很多，它依赖于对图形的具体表现与欣赏的心理习惯。在创作中，初学者往往把精力放在正形的刻画上，而忽略了负形。事实上，一幅好的作品，负形也起着至关重要的作用，如负形的过碎和流动性都会削弱正形的完整性与力度。这里涉及对画面形的整体认识，画面中出现的任何元素都是一个整体，要"经营"好它们的位置，也就是常说的构图，需审视和处理好正负形的关系（图4-41）。

如图4-42所示，法国插画师Malika Favre受邀《纽约客》杂志创作了一系列主题封面与内刊插画，

图4-40 中国传统太极图

图4-41 正负形

这幅作品以纯粹的极简主义为特征，利用正负空间将作品进行构成，形成独特的艺术作品。

图4-42 《纽约客》杂志主题封面设计

Malika Favre

（四）抑制四角与利用版心线

1.抑制四角

四角是版面中最重要的场所。通常，在四角设计一些小的元素形态，就可以起到稳定版面、提高整体格调的效果。如果你的画面主体位于画面中央，同时背景较为简约时，就可以运用抑制四角的形式来稳定画面（图4-43）。

2.利用版心线

在设计版面时，首先要画的是版心线。所有的版面设计都是以这条线为基准来进行的。但是印刷后这条线是看不见的。以版心线为基准，就能保持一定的平衡。版心线实际上是方便设计的隐藏基准线。版心线的运用可以轻松稳定版面，可以按照版心线收纳文字与照片。

版心线虽然起到规范的作用，但有时也可以通过适当的打破来制造画面的趣味性，增强画面动静对比（图4-44、图4-45）。

图4-43 抑制四角效果

图4-44 版心线与留白

图4-45 德国艺术杂志《Jugend》 1898—1899年设计

五、知识拓展

（一）传统美学"计白当黑"与版面设计

在中国古代，绘画中常用的一种表现形式是"计白当黑"。清代碑学书家邓石如在其书中写道："字画疏处可使走马，密处不使透风，常计白以当黑，奇趣乃出。"其意思是画面中空间的安排，对于虚实关系的处理安排能够展现出作品的艺术性与

趣味性。古代文人画家对艺术创作十分强调结构与布局的虚实关系，将纸张中一部分空间进行有意识的留白，利用空白与黑色线条来产生含蓄与雅致的意境，达到画面的和谐统一。后来这种有意识的处理方式从原有的绘画技巧上升到精神层次的认识而成为意境的体现，达到"计白当黑"的美学处理手法。"计白当黑"这种形式继承了传统绘画的精髓，后又随着审美的提高而更为广泛地使用与发展，成为当今版面设计中的设计理念。通过"计白当黑"中有意识的留白处理方式，将其版面中各要素进行组织，达到信息的传递与美的表现，使画面具有艺术感染力。

（二）格式塔

如图4-46所示，通过观察，你看到的是瓶身还是人脸？当你第一次看到这张照片时，你的眼睛会立即被吸引到画面上（看起来最聚焦的视觉主体上），可能是相互对立的面孔，也可能是花瓶。当你的大脑在调整你的焦点时，背景或花瓶被模糊了，在那一刻，你可能看到的是人脸。过了一会儿，你会注意到背景中的花瓶，并意识到它本来就在那里。尽管图形和基本原则看起来模棱两可，设计师常常创造视觉上吸引人的超现实和虚幻艺术，并将之运用于版面设计。其实，不管我们看到的是花瓶还是人脸，这都是大脑通过思考后产生的结果。我们将图像理解成连续的基本图形，即使它们可能是任意图案的拼接，这个现象就称为"格式塔"。

图4-46 鲁宾瓶

▶▶ 第二节　版式编排的形式技巧

任务描述

熟悉版面设计的不同编排形式并进行运用。

任务目标

素质：学生具备版式流程控制与形式应用能力，提升服务意识。

目标：通过本知识点的学习，学生掌握形式法则的基本理论、应用原则以及提高基本创意能力。

能力：熟练地将形式法则运用到实际版面设计中，具备图文编排能力。

一、形式技巧

在版面设计中，对于文字、图片、色彩等版面元素的组合可以通过以下形式技巧的运用来实现。

（一）重复与交错

在版面设计中，可以对同一元素进行重复，同时在形状、大小、方向上保持一致，使其能够产生稳定整齐的效果，这个方式的缺点是容易使画面过于僵硬、呆板，缺乏趣味性。因此，在设计中常使用交错与重叠的方式来打破原有画面的呆板平淡（图4-47）。

（二）节奏与韵律

节奏是指按照一定的条理与秩序进行排列组合，使其具有渐变、大小、长短等变化，从而形成一种律动形式。

节奏通常是指音乐中所出现的节拍的长短。韵律通常是指音乐中的顿挫、押韵之感。在版面设计中，我们强调节奏与韵律的关系运用，让画面效果不再是简单的重复排列，而是通过节奏与韵律的穿插而灵活变化，避免单调乏味（图4-48至图4-50）。

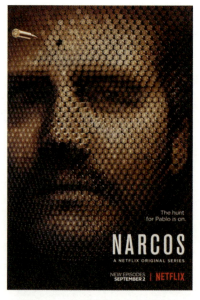

图4-47　美剧《毒枭》海报设计

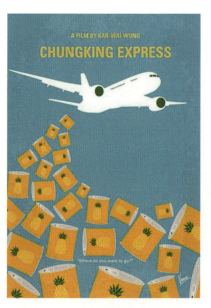

图4-48　王家卫电影《重庆森林》
海报设计

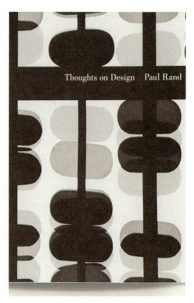

图4-49　杂志封面设计　保罗·兰德

（三）对比与调和

对比是对差异性的强调。对比的因素存在于相同或相异的要素之间。通过将相对的两个要素互相比较，产生大小、明暗、疏密、强弱等不同形式的对比，从而带来画面的变化与视线的移动。

大小对比是指画面中元素大小的变化。版面中占据较大面积的元素会具有一定的优势与分量感，从而产生画面张力。

明暗对比是指画面色彩关系的差异性对比，主要是指明度上的对比，如以暗衬明、以明衬暗、明暗互衬等对比方式。版面中明暗对比能够使画面具有空间感、轻重感和层次感。

疏密对比是指画面中元素编排疏密的调整。在中国传统绘画中讲究画面"密不通风，疏可走马"，这个说法也是强调画面的虚实、疏密对比的运用。画面需要合理安排，既不能过满失去空白，又不能过于疏松缺少重点，使画面有紧有松，既轻松透气又具有视觉重心。

可见，对比的最基本特点是显示主从关系和统一与变化的视觉效果。

调和是指适合、舒适、安定、统一，是近似性的强调，使两者或两者以上的要素相互具有共性。对比与调和是相辅相成的。在版面构成中，整体版面宜调和，局部版面宜对比（图4-51）。

（四）比例与适度

优秀的版式作品取决于良好的比例，如黄金分割比例使版面在分割过程中产生联系，从而在视觉上达到平衡。比例的合理选择在带来稳定的同时，也具有视觉上的冲击，能产生夸张的效果与视觉上冲突的张力。

适度是整体与部分之间尺寸关系的协调。比例与适度能使版面更加理性，使版面舒适具有秩序感而易于阅读。图4-52所示为《Twen》杂志内页设计，通过比例的夸张，图文跳跃度增强，带来视觉冲突，使人耳目一新。

（五）变异与秩序

变异是规律的突破，是一种在整体效果中的局部突变。这个方式能够使版面具有动感而成为引人关注的焦点。变异的形式有规律的转移、规律的变异，可

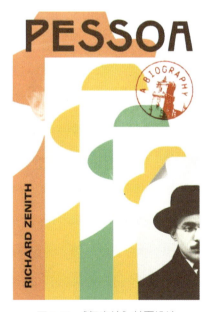

图4-50 《佩索纳》封面设计
Yang Kim

图4-51 《Twen》杂志内页设计1

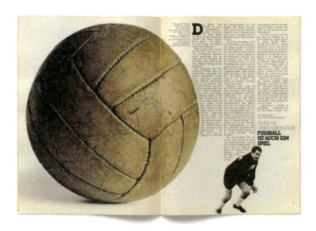

图4-52 《Twen》杂志内页设计2

依据大小、方向、形状的不同来构成特异效果。

秩序是一种组织美的编排，能体现版面的科学性和条理性。由于版面是由文字、图形、线条等组成的，尤其要求版面具有清晰明了的视觉秩序美。构成秩序美的原理有对称、均衡、比例、韵律、多样统一等。在秩序美中融入变异的构成，可使版面获得一种活动的效果。

（六）虚实与留白

在中国的传统美学中讲究"计白当黑"。版面设计中的"计白当黑"是指编排的主体内容是"黑"，也就是实体，背景就是虚实的"白"。此外，

也指文字、图形或色彩，设计时为了表现整体而有意留出空白部分时，就称为"留白"。留白将其他部分有意识地弱化，能使主体部分突出。设计中进行留白并不会影响画面美感，适度的留白与图文进行对比可以创造出一个强大的焦点，并给人们带来想象的空间。图4-53所示为田中一光设计的纪念广岛原子弹爆炸事件的和平海报。图4-54所示为英格玛·伯格曼为电影《野草莓》所设计的海报作品。

（七）变化与统一

变化与统一是形式美的重要方式，是对立统一规律在版面构成上的应用。变化与统一的运用在设计中是版面构成最根本的要求。

变化强调的是各元素之间具有差异的部分，使得版面更加活泼有趣。而统一强调的是形式之间各元素的一致性，统一占主导地位会使版面各构成要素的形式、尺度、色彩等更加和谐。

版面设计中的统一可通过使用均衡、调和、节奏、秩序等形式法则来进行设计。例如，我们如果使用直线为主导，那么版面中直线数量一定多于曲线。变化能够带来版面的趣味性，但在设计中不能一味地追求形式的多样而导致版面的混乱（图4-55）。

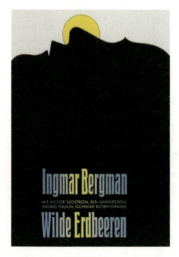

图4-53 海报设计 田中一光

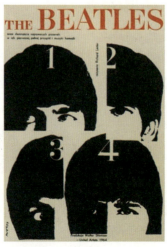

图4-54 《野草莓》（1957）电影
海报设计 英格玛·伯格曼

图4-55 披头士海报设计

（八）动感与静感

设计师通常会根据内容来确立版式中动感与静感的选择。例如，娱乐性报纸、期刊、杂志和海报通常多使用动感的形式来设计，而新闻性的杂志、期刊常使用静感的形式来设计。在版面设计上需要做到动静结合，以"静中有动，动中有静，动静结合"的处理方式为佳，这不仅可以使版式生动有趣，而且更加具有吸引力（图4-56）。

（九）整体与局部

整体与局部在版面设计中代表的是主次关系的处理，通常先确定整体继而调整局部。设计中既要保证整体又要稳抓局部，版面中各要素并不是孤立存在的，而是相互联系的统一体。要确保设计的视觉效果的整体性，必须实现点、线、面的统一，同时色彩的搭配也需要考虑整体效果。局部设计体现了细节的多样性，而整体设计是对主题的概括与稳定表达。因此，在表现上需要注意元素不宜过多，应保持视觉流程的清晰，形式的统一，并确保主次

分明（图4-57）。

图4-56 《中国日报》（海外版）版面设计

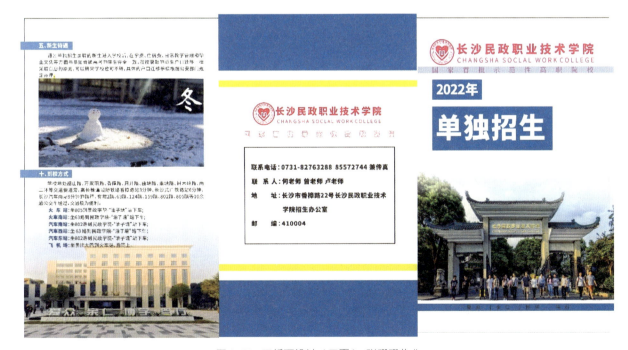

图4-57 三折页设计（正面） 张珊珊作业

二、知识拓展

近现代国画大家张大千的绘画作品中也善用留白的处理方式。"白"可以是虚，也可以是实，在画面中既可以表现为水面，又可以创造出无穷的意境（图4-58）。

图4-58 《秋水野航图》 张大千

三、书籍推荐

1.[日] 原研哉，《设计中的设计》，朱锷译，山东人民出版社，2006年出版。

2.王受之，《世界平面设计史》，中国青年出版社，2002年出版。

四、课后作业

任务描述

使用你所熟悉的"方言"进行海报设计，宣传地方民俗文化。

任务目标

素质：通过民俗文化的保护与传承，增强文化自信，同时理解作为设计师的社会责任与服务意识。

目标：通过本小节实践，学生独立完成一幅海报设计作品。

能力：具备设计意识与设计能力。

任务内容

根据数据统计，现有出生人口的方言普及率为3%～4%，显示方言正在慢慢消失。方言代表着历史与文化，反映着一个地方的文化与发展过程。不同地区的方言中的字音、腔调皆展现出当地的文化风俗，它们蕴含了情感、语境、幽默元素以及生活的琐碎细节。如图4-59所示，我们以"方言"为主题进行设计，旨在传播与发扬当地传统文化。

任务要求

①自行收集素材。图片素材可根据版式编排的需要选用。

②根据视觉流程与版式形式法则进行编排。要求版面编排合理，软件操作熟练。

③附设计说明（150字以内）。

将完成作品和设计说明置于A2页面（420mm×594mm），并按图4-60所示格式进行安排。

图4-59　湖南方言文化

图4-60　图纸完成样式要求

作品保存

（作品源文件格式和.jpg格式文件各一份）

①源文件格式：如果是.cdr或.ai格式，文字需转换成曲线；如果是.psd格式，文字需栅格化，完成作品及设计说明需置于A2页面内。

②.jpg文件格式：.jpg格式要求分辨率为300dpi，色彩模式为CMYK，完成作品及设计说明需置于A2页面内。

第五章　实训

第五章　实训

第一节　实训一

一、赛事直击

全国大学生广告艺术大赛

全国大学生广告艺术大赛（简称大广赛）是迄今为止全国规模最大、覆盖院校较广、参与师生人数多、国家级大学生赛事。参与此类赛事能够让学生更加具体、快速、真实地体验实际工作项目，并通过参赛提高学生的专业实践能力，熟悉实际工作流程，完成具体工作项目。

二、赛事要求

赛事要求如表5-1所示。

三、实训任务

任务描述

以"Canva可画宣传广告"为命题进行设计创作。

形式为移动端平面广告。围绕广告目的和目标群体调性，设计创意平面广告。突出平台定位及特点，结合年轻人喜欢的创意方式，实现对Canva可画的认知及好感度提升。

任务目标

素质：理解作为设计师的社会责任与服务意识。

目标：通过本实训的学习学生能够完成实际项目的具体设计。

表5-1　赛事要求

赛事分类	平面类		
竞赛内容	方向一：平面广告	方向二：产品与包装	方向三：IP与周边
	VI、海报、DM、长图广告、路牌广告、杂志广告等	图案、插画、趣味涂鸦、瓶身、产品组合形态、外观、礼盒及箱体设计等	IP、文创及其他创意周边
提交内容及要求	（1）网上提交：文件格式为.jpg，色彩模式为RGB，规格为A3（297mm×420mm），分辨率为300dpi，作品不得超过3张页面，单个文件不大于5 MB。长图广告作品数量6幅以内（含6幅）拼合在3张A3页面内。 （2）线下提交：与网上提交的作品要求相同		
各类参赛作品应以原创性为原则，遵守《中华人民共和国广告法》和其他相关法律及政策法规、行业规范等要求。鼓励采用广告新思维、新形式、新媒介进行创作			

能力：具备设计意识与设计能力。

任务详解

任务详解如表5-2所示。

四、学生作品

第14届全国大学生广告艺术大赛获奖作品：Canva鹿隐鹿现、鲸升鲸潜、凤飞凤舞

作者：彭海芳、雷嫦姣

表5-2　任务详解

目标群体	产品核心卖点	主题解析
18~30岁的大学生和年轻职场人	1.10万款免费原创设计模板，覆盖校园职场所有使用场景。 Canva可画内含10万款免费原创设计模板，覆盖200多种设计场景，包括海报、社交媒体配图、演示文稿（PPT）、简历、文档、白板、视频、动图、单页网站……满足校园职场用户各类设计需求。 2.海量高质版权内容，一站式解决设计素材需求。 产品拥有超过7000万版权图片素材、6000种中英文版权字体、70万视频素材、5万音频素材，风格丰富多样，一个平台就能彻底解决各类素材需求，避免随意使用网络上版权不明的素材所带来的纠纷。 3."零门槛"设计工具，轻松高效做出好设计。 网页端和移动端账号内容同步，随时随地开启设计，自动保存每次更改再不怕手滑断电。拖曳式操作轻松上手，一键智能配色、一键统一页面样式等功能，提升设计效率。无须任何设计和软件基础，无须任何学习成本，设计新手使用Canva可画，也能轻松做出大师级设计作品。 4.支持多人在线协作编辑、评论，降低沟通成本。 小组团队可同时在Canva可画中编辑同一份演示文稿、文档或任何设计，为某个页面、素材、某段文字添加评论并@他人，可以在白板中和团队一起头脑风暴，实时记录每个创意灵感迸发的瞬间，实现有效的信息表达。再不用离线文件传来传去，让协作更高效。 5.一键给视频、图片抠图，精准到抠出发丝。 智能一键抠图只需点击一下，等待几秒钟，产品图、LOGO、人像、签名等各类抠图都能完成，精准到抠出发丝，并支持用笔刷做边缘的精细调整	每个人的学习、工作、生活都离不开视觉表达，不仅海报、视频这样的设计物料涉及视觉，报告、文档、简历、数据图表等也都需要清晰美观的展现形式。信息的表达形式，影响信息的传达效果，就像版面精致的课堂展示会被老师和同学一眼记住，把想法梳理成视觉化的思维导图更容易让团队成员理解接受。 但在传统观念里，设计是一件有门槛的事情，很多人不了解设计知识，或者不会使用专业设计软件，再或者是缺少设计灵感和素材——总之太多阻碍。而Canva可画致力用科技赋能全民设计，消除一切设计门槛，帮助大家摆脱人力、创意、技能和空间限制，完成一切视觉内容。 我们希望，Canva可画可以成为每个人的"设计师"。愿大家都能用最美的视觉，表达心中所想；用最好的视觉，加速目标达成。大学生和年轻职场人可以通过Canva可画完成以下几个方面的内容。 1.实现视觉表达自由，完成更有影响力的视觉传播。 涉及工作学习多场景的演示文稿、文档、白板、网站、简历等模板，让每个大学生、年轻职场人将学习和工作成果更简洁、美观地呈现出来，实现视觉表达自由。 2.提升协作能力。 多人同时在线编辑功能，助力大学生与年轻职场人轻松解决传统小组作业、团队合作制作PPT带来的诸多困扰，轻松高效完成一切PPT制作需求，提升学习成绩和工作成果。 3.拥有口袋里的设计师，设计从此不求人。 海量精美模板素材、零门槛编辑器，让大学生和年轻职场人在面对社团活动、工作中突如其来的设计需求时，不再需要求助他人或临时上网搜索专业软件教程，随时随地打开Canva可画，就能做出专业设计。 4.增加生活仪式感，享受设计带来的惊喜。 用设计为生活和身边的人带来惊喜，无论是生日贺卡还是情侣拼图、日程安排表、婚礼邀请函等，Canva可画都能让你的生活更有仪式感，享受DIY设计的乐趣

指导教师：彭嘉骐

设计解析：

Canva品牌译为画布，其中字母v在英文词根中有"空白"和"容器"之意。海报分别将Canva中的字母v与高山、海洋、森林结合，寓意该品牌的资源海纳百川、包罗万象。海报采用了传统纹样表现形式，分别融入鹿、鲸、凤三种灵性动物，象征平台资源对用户创作灵感的激活。该系列作品运用点、线、面基本元素，通过节奏、对比等手法塑造出简约而又深刻的版面形式（图5-1至图5-3）。

图5-2　Canva——凤飞凤舞

图5-1　Canva——鹿隐鹿现

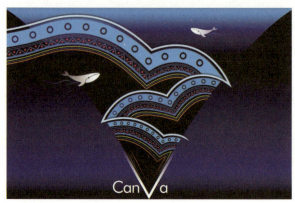

图5-3　Canva——鲸升鲸潜

▶▶ 第二节　实训二

一、赛事直击

全国大学生广告艺术大赛

二、赛事要求

（同前）

三、实训任务

任务描述

以"vivo 智能手机广告"为命题进行设计创作（表5-3）。

任务目标

素质：理解作为设计师的社会责任与服务意识。

目标：通过本实训的学习，学生能够完成实际项目的具体设计。

能力：具备设计意识与设计能力。

任务详解

任务详解如表5-4所示。

表5-3　任务描述

合作品牌	广告主题	广告目的	广告形式
vivo 智能 手机	告别不快——V3&V3Max	"V系列"是专为年轻群体而生的新产品系列，希望结合目标人群的喜好或行为习惯，用他们喜欢的方式和内容，将"V系列"介绍给学生群体，增加新系列的知名度和好感度，从而带来销量上的提升	平面类广告创意设计，重点突出"告别不快"的广告主题，内容能够吸引目标消费群体

表5-4　任务详解

品牌简介	产品名称	产品信息	主题解析	目标群体
vivo是一个专注于智能终端设备领域的年轻品牌，也是全球首个将Hi-Fi级音质功能引入智能手机产品的国际品牌，目前vivo的产品和服务已经覆盖中国大陆以及东南亚等广大市场。给用户带来畅快、舒适的使用体验，是vivo的坚持。vivo一直以来，致力于和追求乐趣、充满活力、年轻时尚的群体一起打造拥有卓越外观、畅快体验的智能手机，并将敢于追求极致、持续创造惊喜作为vivo的坚定追求。vivo始终恪守本分、诚信的企业核心价值观，目标是建立高度风格化的强大品牌，为消费者提供具有高度行业差异化的产品与服务，成为更健康、更长久的世界一流企业	vivo V3 &V3Max	1.产品主要卖点：3GB运存；急速指纹；急速闪充。2.产品简介：V3&V3Max在外观方面采用一体化金属机身，搭载3GB运行内存，操作流畅体验愉悦，彻底告别不畅快的使用体验；背面加入指纹识别模块，支持指纹解锁、指纹支付功能、急速瞬间解锁；V3Max采用vivo定制的高密度闪充电池，带来两倍于普通手机的充电速度，更快、更稳定。九重充电防护系统，带来安心、安全的闪充体验	1.为满足全球时尚活力的年轻群体对更高效、更流畅、更时尚、更精致、更好的影音娱乐体验，更高品质智能手机产品的需求，vivo推出了新的产品线——"V系列"。2."V系列"为年轻而生。V来自英文vigour，意为活力、热情。vivo将用自由开放的态度、轻松愉悦的方式与同样充满活力的年轻群体一起打造属于自己的V系列。3."告别不快"这一广告主题来源于对年轻消费群体手机使用中痛点的洞察，意为告别不畅快的使用体验，更延展为告别不愉快的情绪，年轻就要畅快淋漓的快乐	以18~24岁的大学生为核心

四、学生作品

（一）第9届全国大学生广告艺术大赛获奖作品：vivo手机人体篇系列广告

作者：李珮华

指导教师：刘亚平、彭嘉骐

设计解析：

作品通过手指、身体及嘴型分别组成vivo的英文字体，表达出vivo手机随时随地都能捕捉到最美的瞬间。该系列作品通过图形与字体的同构，传递vivo手机玩转时尚、轻松随意的版式风格（图5-4至图5-6）。

（二）第9届全国大学生广告艺术大赛获奖作品：vivo手机视觉系列广告

作者：盛林萍、赵盛岚

指导教师：彭嘉骐

设计解析：

本系列作品分别利用3个字母V、I、O与抽象的点、线、面图形进行同构，分别传递颠覆美的传统、扩展美的边界、延伸美的触觉等各种概念。版式利用图形的大小、疏密、松紧、收放的形式法则使版面富有张力，起到"吸睛"的视觉效果（图5-7至图5-9）。

图 5-4 手势篇

图 5-6 嘴唇篇

图 5-5 瑜伽篇

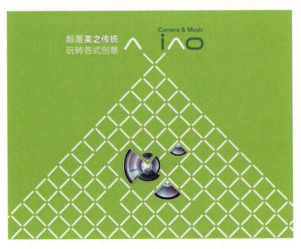

图 5-7 vivo 颠覆美之传统篇

图 5-8　vivo 扩展美之边界篇

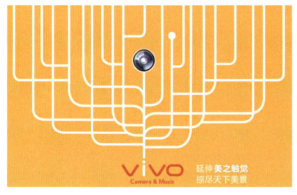

图 5-9　vivo 延伸美之触觉篇

（三）第 8 届全国大学生广告艺术大赛获奖作品：vivo 手机急速指纹解锁系列广告

作者：盛林萍、赵盛岚

指导教师：彭嘉骐

设计解析：

作品紧紧围绕手机"急速解锁"的核心概念进行创意设计，分别将飞鸟、剑鱼、猎豹 3 种速度极快的动物与指纹进行同构，从而传达出"快"的概念。3 张该系列作品排版轻松自由，采用对角线和斜线的构图方式展现 vivo 手机的与众不同（图 5-10 至图 5-12）。

图 5-10　vivo 手机急速指纹解锁
——飞鸟篇

图 5-11　vivo 手机急速指纹解锁
——剑鱼篇

图 5-12　vivo 手机急速指纹解锁
——猎豹篇

第三节 实训三

一、赛事直击

全国大学生广告艺术大赛

二、赛事要求

（同前）

三、实训任务

任务描述

以"自然堂纯粹滋润冰肌水系列广告"为命题进行设计创作（表5-5）。

任务目标

素质：理解作为设计师的社会责任与服务意识。

目标：通过本实训的学习，学生能够完成实际项目的具体设计。

能力：具备设计意识与设计能力。

任务详解

任务详解如表5-6所示。

表5-5 任务描述

合作品牌	产品名称	广告目的	广告形式
自然堂	自然堂纯粹滋润冰肌水	通过体现产品的卖点，针对目标群体，基于对其生活方式、行为习惯、选择偏好等方面的洞察与调研，提升目标群体对产品的认知度及好感度，实现产品在年轻人群中的快速渗透	一、平面类 1.平面广告 通过体现产品的卖点，结合品牌源头喜马拉雅，进行产品海报等平面类广告创意设计。 2.包装设计 通过体现产品的卖点，结合自然堂"种草喜马拉雅"环保公益活动，进行限量款产品瓶身及外包装的创意设计（单支或系列皆可），使其符合目标人群的审美喜好

表5-6 任务详解

品牌简介	产品名称	产品信息	广告主题	LOGO及元素
自然堂，源自喜马拉雅的自然主义品牌，取喜马拉雅之能量，育自然之美。 自然堂缘起世界第三极广袤的喜马拉雅山脉，致力于喜马拉雅山脉冰川、珍稀植物、矿物、动物和独特文化的研究，利用先进科技，保护性开发喜马拉雅的自然资源，以合理的价格为全球消费者提供来自喜马拉雅山脉的大自然最好的馈赠，只为满足消费者乐享自然、美丽生活，并通过各种形式，将喜马拉雅丰富多彩的美好生命力展现于世界。 自然堂2001年创建于上海，产品涵盖护肤品、彩妆品、面膜、个人护理品，在安全性和有效性方面具有卓越品质，能满足各个年龄段不同性别的美与健康追求者的需求。"你本来就很美"是自然堂传递的自然自信的品牌精神，通过丰富多样的产品，让每个人都能用自然的产品展现出自己与生俱来、独一无二的个性	自然堂纯粹滋润冰肌水	昵称：自然堂冰肌水 规格：160mL 核心成分： 喜马拉雅5128米冰川水——小分子团结构，更加快速渗透肌肤，富含丰富微量元素和矿物质。 2%烟酰胺——使肌肤细嫩、光滑、透亮、光泽、水润、柔软，干纹有显著性改善。 喜马拉雅龙胆复合精粹——蕴含强大滋润抗氧能量。 专利技术："冰肌凝萃技术"将喜马拉雅5128米冰川水凝练成"精粹露"，具有卓越的肌肤润养修护功能。 环保包装：一次成型渐变领先技术，黑科技环保公益，0油漆使用，减少二氧化碳排放，节约电能，保护环境。 功效：澎湃补水、提亮、抗氧化、促进后续产品吸收	Z时代年轻消费人群	CHANDO 自然堂

四、学生作品

第12届全国大学生广告艺术大赛获奖
作品：自然堂纯粹滋润冰肌水系列广告

作者：杨淼盛、罗悦

指导教师：彭嘉骐

设计解析：

本系列作品分别通过树叶、山水、鸟羽3种不
同的物象重复形成版面的节奏美感，在版面的顶部
分别构成皇冠的造型，从而点明冰肌水的主旨和品
牌概念。整体形式简洁耐看，版面设计通过点的重
复来强化主体，使画面既有节奏又具有鲜明的特征
（图5-13至图5-15）。

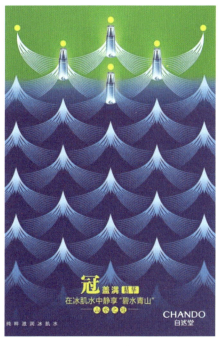

图5-14　山水之冠

图5-13　赤叶之冠

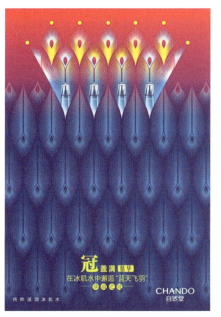

图5-15　华羽之冠

第四节　实训四

一、赛事直击

中国好创意暨全国数字艺术设计大赛

中国好创意暨全国数字艺术设计大赛被教育部中国高等教育学会列入《全国普通高校学科竞赛排行榜》的赛项之中，也是我国第一个以数字艺术设计、数字创意及数字媒体、数字技术创新领域各专业综合类规模大、跨学科、多专业、参与院校多、影响广泛的赛事。

二、赛事要求

赛事要求如表5-7所示。

三、实训任务

任务描述

以中式糕点品牌"寿饼南山"进行品牌视觉设计。

任务目标

素质：理解作为设计师的社会责任与服务意识。

目标：通过本实训的学习，学生能够完成实际项目的具体设计。

能力：具备设计意识与设计能力。

任务详解

任务详解如表5-8所示。

表5-7　赛事要求

赛事分类	竞赛内容	作品形态	提交要求
视觉传达类	任何具有创意思想的作品均可，如产品创意包装设计、多媒体设计、装帧设计、创意VI系统设计、艺术海报等	静态、动态均可	（作品作者不能超过8人，指导教师不能超过3人，超过人数限制，组委会有权按顺序保留排名前的作者和指导教师）。 1.所有图片类作品以电子图片形式提交，手绘、计算机绘图均可，图片为JPG格式，计算机绘图要求RGB色彩模式、分辨率为300dpi，图片大小和张数不限。 2.图片内容应包括完整的作品设计，保证图片的清晰度和文字的可辨识度。 3.所有作品需有成品提交，如动态作品，自行截图4张，放在提交作品文件夹里一起提交。视频成品为MP4格式，清晰度要求：1080P（1920×1080），编码格式：H.264，配备中文字幕。如果其他格式在评奖时无法打开，视为无效作品。 4.VR作品提交要求：300字以下作品说明，10分钟以内录屏视频文件，其中全景VR同时提交360°全景视频文件；交互、APP作品提交要求：300字以下作品说明，4~10张截图，10分钟以内录屏视频文件。 源文件请上传百度网盘，在邮箱里提交百度网盘链接即可。 5.作品上请勿出现学校、作者、指导老师等信息。 6.无论是学生组，还是教师组，最多不能超过两个合作院校。 7.作品名称只能使用中文。 8.同一个作品，只能提交到一个类别，如果投两个或以上类别并获奖，组委会将取消这个作品的全部奖项

表5-8　任务详解

品牌定位	品牌简介	品牌广告语	目标人群
湖湘文化特征的中式糕点品牌	南岳的寿文化——寿比南山 品牌文化载体： "福如东海，寿比南山"的南山，指的便是南岳衡山。自古以来，南岳就是福寿之地，"寿饼南山"将寿文化与品牌相结合，赋予品牌深刻的文化内涵。 健康美味，弘扬传统文化。 品牌理念： 如今市面上的西式蛋糕越来越多，中式糕点店仿佛走向了落寞，人们对于西式蛋糕的盲目追求，从而忽略了历史悠久的中国传统糕点。"寿饼南山"品牌聚焦在地方的传统糕点上，结合南岳寿文化，主打健康美味的理念，弘扬优秀的传统文化。 用心对待每位顾客的健康。 品牌社会使命： 在物质生活得到满足的今天，健康越来越被人们所重视。"寿饼南山"秉承着"用心对待每位顾客的健康"的社会使命，在美味的同时兼顾健康，产品的原料使用对人体有益的南岳山泉水、高山山茶油、黄精，使每位顾客都能放心大胆地吃	"福如东海，寿比南山。" 我们对糕点最真实的需求就是健康，再从品牌文化载体出发，使用一句人们最常用的祝福语，传达美好的祝愿，同时告诉顾客"寿饼南山"品牌所坚持的社会使命——用心对待每位顾客的健康	新时代中青年消费人群

四、学生作品

第17届中国好创意大赛获奖作品："寿饼南山"品牌视觉设计

作者：赵婷

指导教师：彭嘉骐

设计解析：

整个品牌设计聚焦在地方的传统糕点上，传统与现代碰撞而结合南岳寿文化，整个产品主打健康美味的理念，同时借此设计来弘扬当地传统文化。设计中产品LOGO外形为一个饼状，内为一个寿字与南山日出相结合，与品牌名"寿饼南山"进行呼应，寓意传统糕点为冉冉升起的太阳，中式糕点将不断向上发展。品牌主色调选定为传统红与日出橙，寓意传统与时尚的碰撞和结合，焕发蓬勃生机，不断发展。广告语定为"福如东海，寿比南山"。通过糕点传达美好祝愿的同时坚持着作为设计师的社会使命，继续弘扬优秀的传统文化（图5-16）。

图 5-16　"寿饼南山"品牌视觉设计

第五节　实训五

一、赛事直击

中国好创意暨全国数字艺术设计大赛

二、赛事要求

（同前）

三、实训任务

任务描述

以"守护绿水青山"为主题进行海报设计。

任务目标

素质：理解作为设计师的社会责任与服务意识。

目标：通过本实训的学习，学生能够完成实际项目的具体设计。

能力：具备设计意识与设计能力。

任务详解

主题解析：

坚持人与自然和谐共生，必须树立和践行"绿水青山就是金山银山"的理念，坚持节约资源和保护环境的基本国策。环境保护对每个人来讲都是极其重要的，通过"守护绿水青山"海报设计呼吁人们保护环境，解决环境问题，协调人与环境的关系，共造美好家园。

作品要求：

①素材自行收集，图片素材可根据版式编排的需要进行选用。

②根据视觉流程与版式形式法则进行编排，版面编排合理，软件操作熟练。

③将完成作品置于A4页面（210mm×297mm）内。

四、学生作品

（一）学生优秀作品

《它们的烦恼》主题海报设计

作者：戴博文

指导教师：李玉洁

设计解析：

作者从小动物视角出发，思考小动物在生存过程中的需求，通过讲述考拉、雪豹和北极熊3种小动物的生活故事来呼吁人们保护环境，设计立意新颖，创意突出，整体设计故事性十足，版式编排整体风格新颖，视觉效果极佳（图5-17至图5-19）。

图5-17　《它们的烦恼》主题海报设计1

图5-18 《它们的烦恼》主题海报设计2

（二）学生优秀作品

《北极熊的呐喊》主题海报设计

作者：蒋黎薇

指导教师：李玉洁

设计解析：

作者将视角转向生活在北极的北极熊，因为每年流入海洋的垃圾正以惊人的速度破坏着海洋环境，北极熊生活的场所正在慢慢消失。作者在设计中将冰山解构替换成垃圾袋的形象，警示世人环境破坏所带来的危害。这种反常态的设计形式极具创意，视觉冲突明显，起到了吸睛的效果（图5-20）。

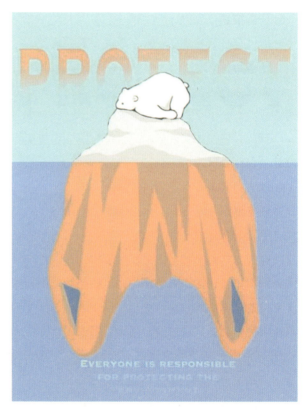

图5-19 《它们的烦恼》主题海报设计3

图5-20 《北极熊的呐喊》主题海报设计

第六节　实训六

一、赛事直击

第11届未来设计师·全国高校数字艺术设计大赛

未来设计师·全国高校数字艺术设计大赛（NCDA）是由工业和信息化部人才交流中心主办，教育部中国高等教育学会认定，15个省教育厅发文立项，"学习强国"学习平台支持的国家级大学生竞赛。大赛始于2012年，每年举办一届，是高校积极参与的重要竞赛之一。

二、赛事要求

赛事要求如表5-9所示。

三、实训任务

任务描述

以"庆祝中国共产党成立100周年"为主题进行海报设计。

任务目标

素质：理解作为设计师的社会责任与服务意识。

目标：通过本实训的学习，学生能够完成实际项目的具体设计。

能力：具备设计意识与设计能力。

任务详解

为庆祝中国共产党成立100周年，本次海报设计旨在通过视觉元素和文案内容传达党的辉煌历

表5-9　赛事要求

赛事分类			竞赛内容		提交内容及要求
A类：视觉传达设计，包含以下子类	A1	广告及海报设计	要求：以原创性为主要标准，创意特色鲜明，形式感强，制作精良	作品形式：可以是单件作品，也可以是系列作品；最多可提交5张图片，每张图片不超过5MB	在www.fd.show上在线提交以下内容： 1.作品信息：如作者姓名、单位、作品名称、联系方式、设计说明、作品寓意等。 2.作品文件要求： （1）不小于A3幅面，分辨率为300dpi，JPG格式，RGB\CMYK。 （2）最多可提交5张.jpg文件，每张不超过5MB。 （3）如选A7动态海报赛道：GIF格式，800像素×1200像素，分辨率不小于72dpi，节奏流畅不卡顿。 3.宣传海报： 体现作者宣传作品的能力，如获奖海报用于该作品的宣传与展示。 要求：A3幅面（297mm×420mm）、竖版、300dpi、JPG格式、RGB\CMYK，不超过5MB。 4.宣讲视频：非必选项，作为评审附加分。锻炼作者"讲设计"的能力，用视频表达作品寓意、团队合作、创作故事。 要求：不超过3分钟，MP4格式，高清，300MB以内
	A2	UI设计			
	A3	VI设计			
	A4	书籍装帧设计			
	A5	包装设计			
	A6	字体设计			
	A7	动态海报			

史、伟大成就以及对未来的展望，激发广大党员和人民群众的爱国情怀，营造浓厚的庆祝氛围。请学生根据文本内容进行海报设计以庆祝中国共产党成立100周年，主题自拟。

四、学生作品

（一）第8届全国高校数字艺术设计大赛获奖作品：百年恰是风华正茂

作者：管海媚、李佳利

指导教师：李玉洁、罗友

设计解析：

作者在设计过程中将中国文化元素进行提炼，选取传统建筑、龙、灯笼、长城等元素进行思考构思，将中国传统色彩运用在画面中，使画面层次丰富、节奏有序，既有趣味性又凸显中国风貌（图5-21）。

（二）学生优秀作品：建党百年系列作品——百家"姓"

作者：王曦懋

指导教师：李玉洁

设计解析：

设计者将中国百家之姓氏作为设计元素进行思考，字体的穿插组合形成中间红色的中国共产党党徽，从中隐喻党是由千千万万中国人组成的，以此来展现中国共产党百年征程，其字体与图形的融合相得益彰，极具视觉冲击力与设计创意，契合主题（图5-22）。

图 5-21　百年恰是风华正茂设计

图 5-22　百家"姓"设计

后 记

为了能全方面、多维度、多层次地解读版面设计的内涵，本书在编写过程中参考了多本教材的写作方式和书籍的设计方法，并通过多种途径收集和整理了相关作品。我们希望通过这些努力，向读者传达版面设计的本质，以及如何真正做好版面设计。

在此过程中，我们得到了许多教师、设计师和学生的帮助，还有部分素材取自网络和杂志，尽管我们无法得知所有设计者的名字，但他们从不同角度的思考和贡献，极大地丰富了我们对版面设计的理解，使得本书的编写更加完善。

对此，我们对所有为本书编写给予支持和帮助的每一个人，表示深深的感谢。

李玉洁

2024年7月